Rich致富374

催眠式銷售

17週年暢銷增訂版

張世輝◎著

高寶書版集團

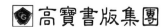

新版序

突破，是一種持續的習慣

當你翻開《催眠式銷售．17週年暢銷增訂版》時，你已經不自覺（或說下意識）的打開成為銷售贏家的大門。你也許會很好奇，年收入增加一～三倍不再是一個喊出來的目標，而是實際可達成的標的。將催眠治療運用在銷售實務上，對你在面對顧客時會「自然」產生許多傳統銷售不曾有過的「效果」及「長期效益」：

1. 你會不自覺地將焦點放在顧客身上，而非當一個商品解說員，因為成交的關鍵是「人」，也就是顧客。

2. 你說的話會變少，好讓顧客能「清楚的表達」自己關心或擔心的，以做為你銷售可利用的資源。

3. 你的銷售周期將大幅縮短，顧客會提前向你說要。

另外，你也會發現，現代人最缺乏三項資源，哪三項呢？1.時間，2.注意力，3.信任感。

傳統的銷售作法與知識發展認為，要完成銷售，你就必須想盡辦法占去顧客最多時間（增加拜訪量），你才會擁有顧客最多的注意力，同時花很多時間與顧客建立關係，事實上，人的注意力會隨著時間的長度而縮短，你花愈多時間，顧客的注意力就愈渙散，所謂的建立關係更是必須花時間去培養關係的，你花的時間愈長，銷售周期就愈長，而銷售周期一拉長，顧客的購買欲望就降低，著實不利於銷售！

相對的，「催眠式銷售」可讓你用顧客最短的時間，誘發其最大的注意力，瞬間建立契合與信任感，更可以讓顧客自己跟自己說要，而非讓你費力費時去說服顧客購買，造成他（她）的防衛與抗拒；即使你不是有意如此。

你總是會得到你所專注的一切，所有的現實皆是邁向突破的階梯，請你好好運用「催眠式銷售」來正確的幫助顧客得其所欲，你成功幫助的顧客愈多，得到的報酬與成就感就愈高，祝你「成功相伴，財富相隨」！

· 目錄 ·

· 目錄 ·

Part 3 讓每個顧客都願意和你完成交易

Part 1

神奇的催眠式銷售

第1章 神奇的催眠式銷售

成功錦囊

堅持：對於不斷的提供給顧客產品的好處與價值，你必須有近乎宗教式的狂熱與堅持。

——威力行銷研習會創辦人張世輝

想要以最淺顯的文字，來描述催眠術的優美與神奇，就好像你必須向外星人解釋什麼是外星人一樣。

催眠運用的範圍甚廣，舉凡心理、精神疾病、電視與秀場上娛樂效果十足的催眠秀、頭痛、香港腳……無一不治，也無所不包。

這本書是專為商業界人士而寫，從企業主、人事主管、訓練人員、業務主管到銷售人員等；如果你的工作是每天和人接觸與溝通，以達到商業目標，你盡可以使用本書給你的建議，你將會發現，再沒有傳統的說服技巧所帶給你的溝通阻力，因為你學習並運用了催眠的最重要成分——指令。

基於易學、易懂、易用三項最高指導原則，艱澀難懂的理論我不會略過不談，而是以最簡單的方式來說明。

什麼是催眠？

你或許以為，催眠就像電視上的催眠秀，催眠師說了幾句「咒語」，就將舞台上的來賓給弄昏了，有些人說「那是睡著了吧」，然後，這些來賓就像中了邪一樣，任憑催眠師叫他們做些「清醒」後不會記得的動作，留下一大堆「真的還假的？」給所有觀眾。因為沒有親身經歷，大部分人都說那是假的；也有人雖未曾經歷過被催眠狀態，卻能從頭到尾評頭論足一番，彷彿是專家。

每當有人問我「是真的還是假的」？若我的答案是「真的」，他們就一副打死不信，或是半信半疑；若我的答案是「假的」，他們就又一副半疑半信的說：「不會是假的吧？看起來好像真的。」

我實在沒有太多時間和興致去「證明」催眠是真是假，不過，我倒是滿樂意與你分享，到底什麼是催眠？

所謂催眠，就是一連串使人相信的過程，並使其採取行動。

好了，就這麼簡單。然而這項簡單的定義，因為太過簡單，往往也就無法滿足那些一定要將催眠視為戲劇化的人。好吧，就說它是：「一連串使人相信的戲劇化過程，並使人採取行動。」這樣不就皆大歡喜，各取所需。

那麼，銷售和催眠又有什麼關係？從最簡單的定義來看，「所謂的銷售，就是一連串使顧客相信的過程，並使其採取購買行動。」懂了吧！

在過去八十年間，銷售流程和銷售策略沒有起太大的變化與改革，倒是企業商品的日新月異，花枝招展的服務，目的不外乎吸引消費大眾掏錢購買；商品推陳出新，唯獨銷售人員的銷售手法從未「推陳」，更別談「出新」了！不信？問問你的顧客就知道。

市場上最有效的行銷策略之一，就是——同中求異。

你的銷售策略是否與同業大同小異，沒什麼分別？當你向潛在顧客介紹商品有多好、功能多強時，你的競爭對手難道會說自家產品爛嗎？當你告知潛在顧客，向你購買吧，因為你的服務最好；你的同行或其他銷售人員會承認他們所提供的服務很差嗎？當你以價格當作爭取潛在顧客的手段時，其他銷售人員難道不懂得如送贈品甚至退佣金等手段來回敬你嗎？

每家企業或銷售人員做得到的，幾乎你們也都辦得到，大家都做得到，銷售怎能一分高下？

你和競爭對手到底有何不同？特別是在產品、服務與價格同質性高的情況下；當然，我指的是你在銷售上，為了達成銷售目標所採取的策略。

什麼是催眠式銷售？

這是一個很好的問題。基本上，當你相信自己或某人說的話，你就已經處在被催眠狀態；特別是你又為此採取了某些行動時，可以說，你已處於深度催眠，或稱為「入神狀態」。

為什麼要學習並使用催眠式銷售？

過去傳統的推銷策略，是以說服顧客購買為出發點，所以我們常常發現，業績不錯的銷售人員，是一群努力、認真而又有說服力的人。這裡指的「有說服力」來自兩個面向，一指的是這人的專業知識豐富，應對進退合乎顧客期望；二指的是這人銷售的手法與策略，是建立在以說服潛在顧客購買的架構下。

第一項定義沒問題，第二項定義卻漏洞百出。你不信？試著回答下列問題：「你天生就喜歡被說服嗎？」所有我遇到過的企業經營者、業務領導人、銷售人員等，對這個問題都異口同聲地說：「不喜歡！」那麼，下一個問題是：「既然連你都不喜歡被說服，何況是你的潛在顧客呢？」

你可能一下子會有點期待，另一方面又有些失望。失望的是，你過去賴以維生的銷售信念與策略，似乎被這些問題給推翻了。另一方面，你會期待，這是不是另一種值得信賴的銷售成功法則，對於突破現有銷售困境以達成銷售目標而言，是更有效的做法。

是的，我們都不喜歡被說服，然而，我們卻很容易「被影響」，你說是吧！說服策略之所以既不受潛在顧客歡迎，卻又為銷售人員廣泛且不自覺地運用，主要的原因有兩個：

一、對潛在顧客而言：說服策略不受歡迎，是因為它帶有強迫推銷、人情攻勢，並且容易引起顧客各種意識形態的抗拒與自我防衛。

二、對銷售人員而言：說服策略會被廣泛使用，是因為它最簡單，最不用動腦且又最直接，不用花太多時間與心力，一下子就學會，甚至不用學也自然會。而每家公司又急著讓業務員衝到潛在顧客面前推銷，於是將業務人員推向這條既簡單卻又最費力的銷售之路。

還記得前面我提過：「沒有人喜歡被說服，然而，我們卻很容易被影響。」既然說服容易引起潛在顧客的抗拒，那麼為什麼我們不學習採用不易引起顧客抗拒的銷售模式？也就是影響力的銷售模式。

催眠與銷售相通的地方多得不勝枚舉，比如，催眠師與被催眠者——相對於銷售人員與潛在顧客；領導人與下線；企業主與員工。這種「人對人」的溝通，並協議達成共同目標的過程。

第二個相同點，就是催眠師所使用的「催眠指令」——相對於銷售人員為達成銷售與顧客的目標所使用的推銷辭令、銷售語言；業務主管為激勵下線達成業績目標所傳授的專業知識；企業主為達經營目標所下達各部門達成業績的指示。

好了，現在讓我們一起來整理，這一章的重點：

一、什麼是催眠？

A：所謂催眠，就是一連串使人相信的過程，並使其採取行動。

二、什麼是銷售？

A：所謂銷售，就是一連串使顧客相信的過程，並使其採取購買行動

三、什麼是催眠式銷售？

A：將第一個問題與第二個問題解答重看一遍，你就應該瞭解第三個問題的解答是什麼。

四、為什麼要學習並使用催眠式銷售？

A：

1.因為人們並不喜歡被說服，就連你也一樣。

2.讓顧客自己影響他自己做購買決定比較輕鬆。

3.超省時、省力。

4.效果好得很。（放心，我一定會舉些實際案例。）

5.你在面對顧客時話會變少，而且少很多。而顧客的話會變多，並且與你

的互動性增加了百分之八十。（不用我告訴你，顧客講得愈多，你的銷售施力點就愈多吧！）

當然還有其他好處，留在後面章節再跟讀者分享。

第2章 激發與訓練你原有的催眠本能

成功錦囊

精準：精準來自於完美，而完美來自於苦練。

——威力行銷研習會創辦人張世輝

如果你是位銷售人員，你是否已經有一些（或很多）已成交的顧客？當你的答案為「是」，那麼，恭喜你，在你促成交易的當下，你就已經是一位催眠師了。

問題是：你卻不知道自己是如何辦到的？

你有沒有這樣的銷售經驗：你成功地向A顧客銷售的方式、話術與同樣價格的產品，對A顧客有效，拿去對B顧客銷售時卻不管用？這是怎麼回事？

如果你是位業務主管或銷售領導人，你是否已經在帶領一支業務團隊？你領導的下線（或事業夥伴）不論人數多寡，你是否發現，你把你在銷售上的經驗與專業知識教給大部分的事業夥伴，然而，有些人做得很好，而另外一些人的銷售成績卻經常慘不忍睹，即便你已經教了他們所有你知道的專業知識。

如果你很勤奮而又努力，並且這又是你的人格特質，那麼，你已經在銷售事業上有了成功的基石。

那麼，為什麼又有將近百分之八十的銷售人員卻只能將銷售當作糊口的工具？難道，他們不夠勤奮，抑或不夠努力？

英語裡有這麼一句話，我覺得對以農立國的中國人而言，實在具有相當的挑戰性：**Work smarter is better than harder.** 聰明做事比拚了老命做事卻不怎麼奏效要好太多了。不過，咱們老祖宗代代相傳，「努力」本身已經被泛道德化。如果，你很聰明卻不怎麼努力，可是銷售的成績與收入比起其他百分之八十的銷售人員多出好幾倍，猜猜，你通常會被冠上哪些封號？

時代演變，老祖宗的智慧雖言猶在耳，然而，君不見各種以提升工作效能為名的企管新知、工作流程再造、策略之說甚囂塵上，當然，對你而言，凡事以效率、效益為出發點，只能使你在銷售事業上更上層樓。

現在，來談談催眠式銷售吧！在銷售事業上，你怎麼認定自己，你就會成為什麼樣的人。

學習催眠式銷售的第一步，就是先學會「自我催眠」。問問自己下面這些問題，看看你的第一個反應（或說自我回應）是什麼？

一、你有沒有一個月收入百萬的想法？（你應該停在這問題上，等個三到七秒鐘，然後聽聽自己的內心回應）接著，再看看第二個問題。

二、你有沒有一個月收入百萬的做法？（這花不到你兩秒鐘就有答案了）別著急，還有另一個很棒的問題要來了，那就是——

三、你有沒有一個月收入百萬的習慣？

這三項問題與你的自我認知有什麼關係？自我催眠就是你選擇相信某個信

念，又叫「自我認知」。

你如果是個業務新手，當被問到：「你在銷售事業上如何看待你自己」時，你的回答會是：「我是業務新手。」這也是大部分人的答案。然後你會發現，你的業績就是一個新人的業績。

你如果是個頂尖銷售高手，當被問到：「你在銷售事業上如何看待你自己」時，你的回答會是：「我是個頂尖的業務高手！」當然，這也是大部分 Top Sales 的答案。然後你會發現，你的業績就是最高的那一個。

一個人的自我認知通常就是一種「自我設定」。下回，注意你身邊有沒有想減肥的人，看看為什麼百分之九十以上想要減重的人從未達成心願。他們的模式幾乎都出自同一個模子：第一次，他興奮地告訴你，他正在使用日本的產品來達到減重效果，過了兩個禮拜，他又換了土耳其的某種具有神祕療效的神奇果汁；又過了十來天，猜猜看，沒錯，他又換了泰國的某某方法；半年過後，一兩肉也沒少，這是怎麼回事？

你只須問他一個問題就夠了，這個問題就是：「你到底相不相信自己辦得到？」你得到的答案大多是：「我已經試過所有方法，可是……」「我已經試過所有方法，可是……」這句話真正的意思是：「我根本不相信自己做得到，我只是試試看，碰運氣，不試怎麼知道呢？」

這就是「自我認知」，無論你怎麼努力，你的自我認知永遠會影響你努力後的結果。這種說法很怪吧！然而，每個人做每一件事都會被「自我認知」影響。所以，不是你努不努力去銷售，你該問的第一個問題是：你到底相不相信你能夠月收入百萬？而且，就從最近的這個月開始！

當你的自我認知調整到一個較高層級時，你的信念會隨著調整，就像是：你不相信自己賺得到，那麼不管你怎麼以外在行為去努力，你就是賺不到。

所以，當你說你做不到時，你是對的。你的腦神經系統與潛意識開始接受「暗示」，而「暗示」的力量大到你無法想像，只是，它卻不輕易讓你發現。反過來說，當你相信自己做得到時，即使現實環境都不利於你，你達成目標的可能性還是大於現實環境的不足，也就是說：當你相信自己辦得到，你就辦得到！

這個「自我認知」的道理很簡單，卻很少人知道它是如何影響人們做任何事的成果與成就。如果你發現自己不管怎麼努力，你的銷售成績僅能糊口，或許，你該好好的將這一章節重複咀嚼，看看原來的自我認知是什麼，是否該重新調整到更高層級上。當然，你可以一次調高一點，等達到了，再往上調，然後不斷重複這個過程。

如果你的月收入現在是五萬，你可以調整自我認知為：我要在三個月內讓平均收入由五萬增加為八萬。你知道，逐步調整目標，你的自我認知比較容易接受且相信。不然，一下子調得太離譜，自我認知不接受更不相信，你還有達成的勝算嗎？千萬別和自我認知嘔氣，你鬥不過它的！學習和它成為好朋友，隨時把握機會充實自己賺錢的能力；自我認知喜歡學習有效賺錢的方法，藉由學習與執行，你的自我認知就會不斷地被灌溉、成長、收成、再灌溉、再成長、再收成……生生不息，然後，你就會有一個生龍活虎般的自我認知。所以，你現在的自我認知讓你賺到這些錢，而你想要賺更多，是嗎？先調整你的自我認知吧！

案例

有位壽險業務經理，他的老朋友，同時也是他的客戶，向他購買人壽保險已經超過十年，當這位業務經理帶著公司新產品去「看看」這位老朋友時，他當然不會放棄說明產品的機會。

這位老朋友聽完他的精彩說明後，告訴他過些日子再說吧，反正都已經是老朋友了，不急於一時。業務經理很有自信的離開了銷售的話題，因為他的「自我認知」也覺得這是一定簽得下來的case。他們聊聊家常，隨即業務經理就離開客戶家，在回程的路上，他打開收音機，聆聽著電台播放的音樂，心情甚是愉快。

三個禮拜過去了，業務經理出現在老朋友家中，他簡直不敢相信自己的耳朵，老朋友已經在三天前，向另一家的壽險顧問購買了同質性的商品。「我實在不懂，這是怎麼回事？」他帶著滿腹的疑惑，同時又有幾分的挫敗問道。更讓他覺得氣餒的是，這位「搶走」客戶的同業竟是個只做了八個月的菜鳥！

老朋友和經理談到：「我發現這個年輕人有一股你沒有的銷售熱忱，沒錯，你的經驗、資歷、專業都沒話講，然而，他卻付出了自己最大的熱忱，只為了爭取為我服務的機會！當我告訴他，我已經有你這位專業的好朋友，幫我做了很完善的壽險規劃時，幾乎每三天，我就會收到他替我及家人向上帝禱告的祈福信，他同時也祝福你，願上帝給你更多的智慧與健康，去服務更多的家庭與客戶；在我明白向他表示我不會向他投保後，他依然持續地做著相同的事，我想，他真正在乎的，是對顧客真摯的關懷，他既不惡性競爭，又不以退佣為爭取客戶的手段，我想，是他的真誠與熱愛生命的態度打動了我。」

「你很專業，但是我已看不到也感受不到你的熱情，你彷彿是個商品解說員，解說的很專業，但似乎因為我們之間朋友的這層關係，我感覺不到你像他一樣那麼在乎我的感受。」

永遠不要將和顧客的關係視為理所當然，顧客，是銷售人員、企業主手上的小雞，需要細心的呵護與照顧。

本章重點：

1. 聰明的做比只是努力做卻不奏效要重要多了。
2. 努力不是不對，而是要將努力擺對位置，不要「白努力」。
3. 在銷售事業上，你怎麼認定自己，你就會成為什麼樣的人；屢試不爽。
4. 你的自我認知會影響到所有外在行為的努力。
5. 細心呵護顧客，不要把和顧客之間的關係視為理所當然。

第3章 你總是會得到你所專注的一切

成功錦囊

執行：執行力，可以使再困難的事，都變得簡單；惰性，可以使再簡單的事，都變得不可能。

——威力行銷研習會創辦人張世輝

這一章要與讀者共同探討的是：你總是會得到你所專注的一切。

「專注」這個字眼不是挺振奮人心又正面積極嗎？話是沒錯，連Top Sales都會擔心case談不成，愈大的交易金額，銷售人員愈容易患得患失，尤其在沒有太多其他精準的客戶時，得失心特別明顯，只要是人，無一倖免，特別是在現今競爭激烈的現實環境裡。

有位負債累累的銷售人員，問我為什麼他的銷售成績一直無法突破？他計畫十年內要還清負債。我反問他為什麼會問這個問題？他回答：「我擔心我無法做到。」我繼續問：「這問題你擔心多久了？」他說：「一直以來都是這樣啊！」我又問：「你的意思是說，你一直都在擔心這個問題，從未停止過？」他告訴我：「這真的令人擔心！」

「你想知道是什麼原因使你銷售成績無法突破嗎？」他說這是他一直百思不解且前來請教我的原因。我問他：「你贊不贊成：你總是會得到你所專注的一切？」他點點頭表示同意。

我又問：「那麼，當你集中注意力去擔心做不好業績賺不到錢時，你不就得到賺不到錢的結果嗎？同樣的道理，當你集中注意力在擔心還不清負債時，不就得到還不清負債的結果嗎？與其花時間及注意力去擔心，為什麼不將時間與注意力放在『如何做好』或『如何做到』的方法與資源上呢？」

「專注」是「專心與注意」的合稱，當一個人專注的時候，我們說他的內在意識集中在某一項或某一事件，或構成此一事件的形成環境上。因此，慎選專注的標的，成了最值得付出心力的一件事。

在執行銷售的流程上，你是專注在擔心自己無法成交，還是專注在顧客能獲得的好處與利益上？

當你的內在注意力找到了集中的標的時，對從事銷售事業的你而言，務必仔細審視一番，看看你所專注的是真正有產值、有價值又能帶來利潤與增進顧客價值的事，或是虛耗戰力，毫無價值又浪費資源與時間的標的？

訓練自己，將內在注意力專心並集中在以下幾點，早晚都對照在當天的銷售行動上，你會發現，你的銷售成績將不可同日而語：

1. 你相信自己能達到各階段的銷售目標。
2. 你充分運用時間投資在自己的專業能力上。
3. 你不斷地發掘各種能夠幫助顧客得其所欲的銷售方法上。

4. 你持續地發掘對「人」的專業知識，以充分運用在銷售實務，並爭取最好的成績。
5. 有效經營和顧客的關係，並建立「親而不膩」的關係。

當然，人類在一個小時內有效集中注意力的時間不會超過十五分鐘，事實上，人們在接觸訊息的前三秒，是讓各感官（視覺、聽覺、觸覺、嗅覺、味覺）在極短的時間內「注意」到訊息呈現的形式；接著大腦再判讀由各感官所傳至大腦的訊息，看看是否（或該不該）對此訊息做出反應。

這也就是為什麼百分之九十八的電視廣告播出時間幾乎都不超過三十秒的原因，而超過百分之七十以上的收視觀眾會一遇到廣告就轉台的原因！而且只要遙控器在手，他隨時可選擇「如何」配置自己的注意力。

在行銷的世界裡，誰能讓顧客「注意」愈久，誰就愈可能勝出！

那麼，顧客到底在注意什麼？特別是在你出現的時候。

顧客注意與在意的是價格嗎？或是實際的需要？商品的樣式與顏色？銷售人員的服裝儀容與態度？公司的財務穩健度？商品所帶來的效果？折扣的高低？

嘿，顧客只注意他所在意的，不論那是什麼；而身為銷售人員的你，如果不知道面前這位顧客在意的是什麼，那你也只能每次銷售都照本宣科，背背話術，碰碰運氣囉！

現代人最缺乏的資源（尤其在面對銷售人員時）有以下幾項：時間、注意力、信任感。

一、時間：百分之八十五以上的銷售人員在邀約顧客的過程中，聽到最多的話就是「沒時間」！

不管是真或假，「時間」對現代人來說是一項極珍貴的資源，不容浪費；銷售，一定要佔據顧客的時間，而銷售人員則更是分秒必爭（我指的是那些認真的銷售人員，當然也包括你）。當你要用到顧客的時間時，通常他們會從以下這些面向來思考，是否該答應你的邀約，給你一個銷售說明的機會：

1. 我相信你嗎？
2. 我喜歡你嗎？對你的感覺如何？
3. 我有沒有需要你所說或所提供的服務、產品？
4. 你是不是詐騙集團？
5. 我有沒有更重要的事要辦？
6. 我有沒有更重要的人要見？
7. 我有沒有更重要的地方要去？

當然，並不是每位潛在顧客都按這樣的順序或思維來決定是否要給你時間，而時間，是一去不回的重要資源，比鑽石還寶貴！這意思是說：如果潛在顧客給你時間，你必須讓他覺得這個時間見你是絕對值得的！

二、注意力：為什麼現代人最缺乏的第二項資源會是「注意力」呢？因為每種銷售訊息、銷售管道、銷售人員都在想盡各種辦法要抓住顧客的注意力，而訊息種類過於氾濫，大部分人索性就不去「注意」這些銷售訊息。然而，你若想讓潛在顧客的注意力在你這兒，除非有值得引起他注意的訊息、內容與呈現形式；況且，就算潛在顧客的注意力在你這兒，別忘了，時間可是最現實的。這意思是說：當你的銷售週期（指時間）愈長，潛在顧客的購買欲望就愈低！

為什麼？因為他的欲望稍縱即逝囉，如果你的銷售策略不奏效，潛在顧客的注意力很快地就會被轉移，就像前面所舉例的業務經理與菜鳥的情節，怎可不慎！

三、信任感：顧客買的不只是產品，還有你的人格！

建立信任感是銷售策略中首要之務，然而，光只有信任感還不夠，如果潛在顧客可以對你做徵信調查，看看你是否值得信任，猜猜看，這是否是顧客付錢給你時最大的考量？

聰明的顧客也許在短期內會以銷售人員所說的作為是否相信並向你購買的依

據，然而就中、長期來看，他們會以你所做的事與行為來和你所說的做比較，看看你是否「說到做到」，而你最好是言行一致的銷售人員。畢竟，生意應該做長長久久，不是嗎？

本章重點：

1. 你總是會得到你所專注的一切！
2. 慎選專注的標的，對顧客、對你及對公司或團隊都是最好的。
3. 與其花時間擔心做不好，不如投資時間與心力去學習如何做好。
4. 顧客只在意他所在意的，不論那是什麼。
5. 現代人最缺乏的三項資源分別是：時間、注意力與信任感。意思就是：銷售人員要把握時間、抓住顧客最大的注意力，並建立長期的信任感。

使用「催眠式銷售」的前提

在你學習使用催眠式銷售之前，必須先建立幾項基本概念：

1. 你必須確定所銷售的產品或提供的服務，對顧客是百利而無一害的。
2. 你能夠做到對顧客所承諾的一切。
3. 你將銷售當作是幫助顧客得其所欲的過程。
4. 你喜歡幫助顧客得其所欲，並樂在其中。
5. 你有極度旺盛的事業動機。
6. 你夠專注。
7. 你堅信唯有行動方能實踐夢想，達成每階段的目標。

恭喜你，如果以上七項基本概念是你所認同的，並且你已經具備其中的幾項概念，那麼，就讓我帶領你一起進入「催眠式銷售」的殿堂。你將會學習到最具威力的銷售策略，同時，在銷售實際運用上，你不斷地會有新的發現與體會。你一定期望自己的銷售成績與收入能比原來多好幾倍，好讓你不枉費買了這本書；事實上，你最好隨身攜帶，因為有太多值得你一讀再讀、一練再練的內容及案例。

第4章 催眠式銷售誘導的三大結構

成功錦囊

與趣：想讓顧客對你的產品有與趣嗎？先對你的顧客有與趣吧！

——威力行銷研習會創辦人張世輝

這一章要和你談談老祖宗的智慧。

曾幾何時，我注意到先人的智慧流傳，在不斷的研究、發展、整合所有能找到的銷售金玉良言中，竟有如此通俗又雋永的辭彙，頓時，如夢初醒，興奮莫名，絕對值得所有銷售人員、業務主管、銷售領導者、企業經營者共同欣賞、探究與學習。

第一項是「誘之以利」。

每項銷售人員提供的商品或服務，皆有一個（或以上）的利益，而「誘之以利」的重點有兩個部分：一為「誘」，二為「利」。

「誘」指的是誘導，泛指各項銷售的鋪陳，又可稱為吸引策略。你拿什麼去吸引顧客想要的欲望？你如何有效地引起顧客高度的購買興趣？你說了什麼、做了什麼、展示了什麼以吸引顧客駐足的目光？你如何讓顧客「陶醉」於銷售鋪陳中而不覺時間的流逝？你如何讓顧客突破現實的困境而願意向你購買？太多的銷售人員急著介紹商品本身，太少的銷售人員才懂得誘之以利，而這一少部分人性的專家往往也是銷售的常勝軍，歡迎你加入他們的行列，因為，沒什麼資格限制。

「利」指的是利益、好處。誰會做對自己最不利的購買決定呢？沒有人。誰會做對自己最有利的購買決定呢？每個人！而顧客買的，不是商品本身，而是商品為他帶來的好處；所以，你銷售的，不是商品本身，而是好處，也就是利益！顧客要的，不是一棟房子，而是一個家。

以商品帶來的好處來吸引顧客，同時，又要確定這個好處是顧客無法拒絕又完全被吸引的，就是「誘之以利」。

第二項是「動之以情」。

「動」指的是打動、感動、驅動。你的銷售方式與內容能打動你自己嗎？如果你是你自己的顧客，在聽完你自己的銷售說明後，你會立即採取購買行動嗎？你的銷售說明活像十五分鐘的說話機器嗎？當你打電話邀約顧客時，你能讓顧客產生期待嗎？

你說了什麼、做了什麼、示範了什麼讓顧客備受感動？你真的關心你的顧客嗎？「情」指的是情緒、情感、感情、感覺。你的穿著帶給顧客什麼感覺，你銷售時的表達是真情流露抑或虛偽做作？你是否在意顧客的感覺？你有營造顧客想要的感覺或創造顧客滿意的感受嗎？為了爭取一個高報酬的顧客，你願意付出多大的代價？

用任何能夠打動顧客內在的購買情緒，並使之立即採取購買行動的過程，就是「動之以情」。

第三項是「訴之以理」。

「訴」指的是訴求、表達、分析、歸納、整合。百分之八十五的顧客，一開始會拒絕的，不是銷售人員提供的產品，而是表達方式。你的銷售表達方式具有一定吸引力及邏輯性嗎？你表現及告知顧客的商品訊息有使人循序漸進的進入購買程序嗎？

「理」指的是道理、邏輯性。你提供的商品利益愈好，是否有愈多的顧客不相信，如果你曾遇過這種銷售情境，八九不離十，就是聽起來、看起來、感覺起來沒什麼道理；記住，商品的好處不會憑空發生，到底這些利益或好處是從哪兒來的，經過哪種設計或計算，雖不一定要鉅細靡遺，卻仍然要有邏輯上的道理。而碰運氣的銷售就不一定要真的「訴之以理」，那純粹只是機率的問題，沒什麼好談的。

案例

有一位受過銷售效能訓練的學員來找我，他的顧客要「契撤」，問我該怎麼辦，才能挽回這名憤怒的顧客。

「為什麼你的顧客要撤銷契約，不再繳保費了呢？」

「因為他發生了一些意外事件，又受了傷，他在申請理賠的時候，因為保單內容並未投保這個項目，所以公司不賠。」

「然後呢？」

「顧客很生氣，說他當初多相信我才向我投保，現在發生事情又不理賠，他覺得受騙了，我向他解釋當初的保單理賠項目真的沒有這一項時，他更生氣了，完全不理會也不接受。現在他要撤銷契約，我真不知道該怎麼處理才好。」

「你想怎麼做呢？」

「當然是盡量不要讓他撤銷，而且，這張儲蓄險還有幾年就可領了。」

「我知道了，在我教你如何挽救這個顧客之前，我要你告訴我，一個憤怒的顧客與一個極度滿意和感動的顧客之間有沒有差別？」

「當然有。」

「差別在哪兒？」

「滿意的顧客可能會帶來其他口碑相傳的顧客，生意做不完；不滿意的顧客對業務的殺傷力是最大的！」

「你現在有一個不只不滿意、甚至是憤怒的顧客，你有多想把他變成一個既滿意、又感動的顧客，而且還能為你帶來源源不絕的新顧客呢？」

「當然想啊！」

「你一定要做到，而不只是想想而已？」

「一定要！」

「OK，照我說的做，不可有任何閃失與折扣。如果能夠獲得理賠，大約可獲多少金額？」

「大概是七、八萬。」

「你受完訓簽的case不少，銀行存款不會沒這個錢吧！」

「什麼意思，你要我做什麼？」

「看你緊張成那個樣子，不過，你的緊張是對的，我要你做幾件事：

1. 立刻提款，數字就是你剛剛講的，一毛也不能少。

2. 今天晚上到這位顧客家，當著他還有家人的面，用紅包把錢裝好，不可以用支票！

3. 告訴你的顧客以下這段話，一字不漏：『我很遺憾當初你並未投保這次意外發生可理賠的險種，公司是依契約行事，請不要因此而不相信公司。當初基於你對我的信任而投保，雖然公司依約不理賠，然而，我卻必須為你及自己的商譽負責，公司不賠，我來賠，不做你的生意沒關係，你這個支持我的朋友我要定了，無論如何，你一定要收下，沒有誰對誰錯，只有負不負責，我全權負責，你的醫藥費在這，請務必收下！顧客可以再找，真正的朋友一生難尋。』」

「我真的要這麼做嗎？這會不會太瘋狂了？」

「做不做是你的事，自己看著辦。」

兩個多月後，這位學員又來見我，他分享了如何攀登全公司業績第一名的喜悅與成就，一個滿意又感動的顧客，帶來了源源不絕的新顧客，顧客們彼此間在傳頌著那一段令人難以忘懷的感動。我問他，「你賠給顧客的賺回來了嗎？」

「超過十倍！而且有些被推薦的顧客我還沒跑完……」

本章重點：

1. 記取先人的智慧，成功的銷售要能：「誘之以利」、「動之以情」、「訴之以理」。
2. 一個滿意又感動的顧客的影響力，將為你帶來超過十倍於陌生開發的新顧客帶來的利潤，時間卻只有開發新顧客的十分之一。

3.將危機視為一個新的機會，看看你能從中付出多少心力使顧客「感動」到回心轉意。要做生意之前，先要懂得做人！做人失敗，做生意是不可能成功的！

4.注意，顧客買的不只是產品，還有你的人格！

第5章 別被業績壓垮了！用催眠法重新定義與轉換

成功錦囊

利潤：在銷售事業上，所有的學習，都是為了創造更高的利潤而來的。

——威力行銷研習會創辦人張世輝

對於一個懷有防禦心的潛在顧客而言，銷售人員提供的任何正面接觸似乎都會碰一鼻子灰，也就是說，並沒有任何一位銷售大師能夠提供一種「百分之百成交法」，這頂多只能當成銷售願景，或是一本書的書名罷了，在現實的商業環境中，不曾發生過，以前沒有，現在也看不到，未來則遙遙無期，無從預測起。

如果連喬．甘道夫博士（連續三十二年，年銷售額超過十億美金的壽險業務員）都說：「所謂的頂尖業務，指的是成交與不成交，各佔一半的業務員。」你就知道銷售這行沒一個準兒。除了努力外，你真的還得用對方法。不僅如此，更必須要精益求精，時時學習並研究突破之道。

只不過，安於現狀的銷售人員太多，他們什麼都擔心，怕顧客拒絕；擔心要追求績效成長的同時，得犧牲休閒時間和家居生活；怕有人想向他們推銷而一味地閃躲其他銷售人員；擔心以前不好的學習經驗延燒到下一次自我成長的學習機會，導致浪費時間與金錢；他們甚至擔心公司的績效考核，最後不得不使出老主管（指的是在他們那一行經驗老到的銷售人員晉升為主管）教他們的殺手鐧，直接告訴顧客：看在老朋友的份上，這個月就差你一件，我就過關了，好壞也意思意思、幫幫忙。

這也許是不擇手段、獲取業績最快的「人情銷售法」，然而，卻也是喪失銷售尊嚴最快的方法，我衷心期盼，你不是這些人的其中一位！

有尊嚴與樹立自我銷售風格，不該只是對商品瞭若指掌，卻對顧客一無所知，那麼，再積極的拜訪顧客也徒勞無功。

每一個銷售上使用的字眼，皆有其正面或負面意義，不是非得要採用具有正面意義的字眼，方能完成交易；當完成交易時，卻是一段關係的開始。負面字眼亦有其存在的實用與必要性。肯定的字句不一定帶來顧客肯定的反應，模糊的不確定字詞，有時也能誘導出顧客正面的回應。在面對顧客時，最好保持一定的彈性與仔細，畢竟，自顧自的說話並不是能引起顧客注意與興趣的最好方法！

你對「壓力」這個字眼有什麼感覺？許多銷售人員銷售成績不佳時，都會表現出「壓力」，有些還常常把「壓力好大」掛在嘴邊，而且愈講壓力愈大，看著「壓力」這二字，你的心情會變得如何？

當人們對於周遭發生的人、事、物失去掌控性時，通常就會有壓力感。不可掌控性愈大，這種感覺就愈嚴重。因此，往往伴隨著不安的情緒、沮喪、挫折、想逃避與放棄，不只心理與精神狀態會受影響，連生理上也會有明顯的徵兆。因此，相對性來說，消除壓力感最有效的方式之一，就是將不可控制的因素，透過重新定義或者轉換，來使其重新感覺握有掌控權。在催眠治療的過程中，這是治療壓力的良方，而且，比任何傳統的心理治療的治癒速度還快。

案例

「最近在開發上都不怎麼順，業績好像怎麼擠都擠不出來，壓力好大！我又不能在公司裡表現出來……」

「你的意思是：你盡了所有的力，銷售成績還是『擠不出來』，壓力很大，是嗎？」

「沒錯，每天還是照樣上早課、開早會，也和主管做個案研討，該做的我一樣也沒少，業績卻仍然沒什麼起色，唉，壓力真的愈來愈重……」

「我瞭解你的感覺，你現在的狀態並無法使你完成大部分的case，即便你『一直』採取銷售行動，成績卻仍不見改善。」

「你有什麼好方法能幫我？我需要去上『潛能激發』的課嗎？可是好幾年前我就參加過了，短時間是還不錯，可是一段時間以後就沒有激勵的感覺了……」

「嗯，我懂了。我想請教你一個問題，弄清楚這個問題，你的壓力就會變成你的動力。你贊不贊成，所謂的壓力，就是壓抑自己的能力與潛力？」

「（沉默）……沒錯。我贊成。」

「很好，下一個問題是：你會沒事壓抑自己的能力與潛力嗎？」

「當然不會！」

「嗯，既然不會，你怎麼會有壓力呢？」

「（沉默）……」（表情扭曲）

「這意思是說，發揮或發展自己的能力與潛力都來不及了，哪有人會沒事去壓抑它們，你說是吧！」

「嗯，有道理。」（表情肯定）

「你現在發現，你有的，不是壓力；而是沒找對方法，去發揮或發展你的能力與潛力，是吧！」

「沒錯。」（深呼吸、吐氣，如釋重負）

「因此，找對方法以發展你的潛力，才是你的當務之急？對不對？」

「嗯，我原以為，你只會叫我上課，沒想到，光是和你談話，我的感覺就已經不一樣了。」

「當你的生理與心理狀態調整好時，你已經成功一半了，保持這個狀態，因為顧客買的，不只是產品，還有你銷售時的狀態！你已經準備好進行下一步『突破』了嗎？」

「我準備好了。」

案例說明

「最近在開發上都不怎麼順，業績好像怎麼擠都擠不出來，壓力好大！」——當銷售人員的無力感來自「努力」卻不奏效時，自然會產生心理症狀，萬萬不可直接給評論，例如：「你就是這麼負面，你應該積極正向，多拜訪幾個顧客，加強你的行動力就對了！」這是銷售領導人扼殺銷售人員最快的評論。

「你的意思是：你盡了所有的力，銷售成績還是『擠不出來』，壓力很大，是嗎？」——語言上的同步與契合，以建立信任。傾聽是建立信任的基石，而有效的系統化發問是延續信任的良方，同時，對於界定問題有較明顯的結構性證明。意思是：你比較不會頭痛醫頭，只尋求「症狀解」，卻找不出「槓桿解」，這是系統思考的因果關係。

「沒錯，每天還是照樣上早課、開早會，也和主管做個案研討，該做的我一樣也沒少，業績卻仍然沒什麼起色，唉，壓力真的愈來愈重……」——他也許不能在辦公室和其他人談這些，因為，有些職場文化會認為這是不利於工作氣氛與管理的個人問題，而導致他「向外」求救。大部分的銷售領導人都不願意讓所帶領的銷售人員「向外」求救，他們認為這也許會失去其領導威信，特別是在「封閉」型的業務團隊中最常見。弔詭的是，往往愈避諱的，就愈容易發生。這是「專注」法則的鐵律。

「我瞭解你的感覺，你現在的狀態並無法使你完成大部分的case，即便你『一直』採取銷售行動，成績卻仍不見改善。」——狀態上的契合，他的生理與心理狀態非常明顯的表現出這種無力、壓力的狀態，在前面的章節談過，這些「狀態」本身就是資源，既是資源，就應該拿來用，而非給予任何評斷。

「你有什麼好方法能幫我？我需要去上『潛能激發』的課嗎？可是好幾年前我就參加過了，短時間是還不錯，可是一段時間以後就沒有激勵的感覺了……」——這是他對自己的評論，表現出急欲想脫離無力感的渴望，這也表示他有點失去耐心，想急著跳到解決方案去。在催眠式銷售裡，被誘導出的反應是一種可利用的資源。

「嗯，我懂了。我想請教你一個問題，弄清楚這個問題，你的壓力就會變成你的動力。」——嵌入式指令，又稱為催眠暗示；我要提的「問題」與他想要的「動力」做了連結。當對方潛意識接收到這項暗示時，再提出問題：「你贊不贊成，所謂的壓力，就是壓抑自己的能力與潛力？」——「所謂」是一種重新定義名詞化的先行詞，代表不用推翻舊的名詞化意義，就能賦予它一項較能掌控的意義與理解。

「（沉默）……沒錯。我贊成。」——潛意識接收指令後的反應。

「很好，下一個問題是：你會沒事壓抑自己的能力與潛力嗎？」——在重新定義「壓力」後，可依「常理」將個案本身置於被重新定義的內容裡，目的為使其產生「感同身受」的觸覺反應。

「當然不會！」——簡單的回應，卻是轉變其意識與無力感為動力的關鍵。

從下一個問句就可看出其中的威力。

「嗯，既然不會，你怎麼會有壓力呢？」——這是一種「扭曲」的策略，常常會造成個案意識上的變動與混淆，以作為協助其改變的資源。

「（沉默）……」（表情扭曲）——這表示他處於變動與混淆的狀態，也是幫助他改變的最好時機，事實上，改變早已形成。

「這意思是說，發揮或發展自己的能力與潛力都來不及了，哪有人會沒事去壓抑它們，你說是吧！」——將重新定義的內容合理化與一般化。所謂一般化是指普羅大眾都能接受與認定的觀念，沒有爭議性，在銷售上又稱為「安全地帶」。

「沒錯。」（深呼吸、吐氣，如釋重負）——潛意識重獲動力的自然反應。相對於他原來的無力感，狀態已截然不同。

「因此，找對方法以發展你的潛力，才是你的當務之急？對不對？」——重新定義後，必須再將他的「注意力」放到對他有幫助的標的上。

「嗯，我原以為，你只會叫我上課，沒想到，光是和你談話，我的感覺就已經不一樣了。」——這是一個完全轉變的新狀態，只不過，他自己找不到這樣的資源罷了。

「當你的生理與心理狀態調整好時，你已經成功一半了」——沒人喜歡失敗，大家都愛成功。定義他現在的狀態是成功的，能加快他接受暗示與有效行動的形成。

「保持這個狀態」——描述他現在正在形成的經驗，能夠強化並使其察覺自己正處於這樣的狀態，一種重新握有掌控的狀態。

「因為顧客買的，不只是產品，還有你銷售時的狀態！」——他每次去見顧客時，都不自覺地「擁有」這樣的狀態，那使他的顧客喜歡和他做生意。至於突破成績的做法，我想，突破他自己，才是最重要的，還有什麼做法比突破他自己、改變銷售狀態還重要？

本章重點：

1. 沒有任何一位銷售大師能夠提供一種「百分之百成交法」，這頂多只能當成銷售願景、或是為一本書的書名，在現實的商業環境中，不曾發生過，以前沒有，現在也看不到，未來則遙遙無期，無從預測起。你只能提高銷售的掌控性，當你的可掌控因素愈高，成交率就愈高；反之，成交率就愈低。
2. 所謂的頂尖業務員，指的是成交與不成交，各佔一半的業務員——喬．甘道夫博士（年銷售額超過十億美金的壽險業務員。他的成績是另一位已故的頂尖壽險業務員班．費得文的十倍。）
3. 有尊嚴與樹立自我銷售風格，不該只是對商品瞭若指掌，卻對顧客一無所知，那麼，再積極的拜訪顧客也是徒勞無功。
4. 當人們對於周遭發生的人、事、物失去掌控性時，通常就會有壓力感。不可掌控性愈大，這種感覺就愈嚴重。
5. 消除壓力感最有效的方法之一，就是將不可控制因素，透過重新定義或者轉換，來使其重新感覺握有掌控權。

Part 2

找到你的銷售定位

第6章 成交的關鍵：與顧客建立契合感

成功錦囊

頂尖：一個頂尖的行銷高手，就是一個反射顧客欲望的高手。

——威力行銷研習會創辦人張世輝

銷售策略中，最重要的第一步，就是取得潛在顧客的信任。這個概念、想法和說法是絕對正確，無庸置疑的。然而，當你問「如何做」、「建立信任感的策略是什麼」、「建立契合感的步驟有哪些」時，卻沒有太多人能給你答案。

這是因為許多銷售人員、業務領導人都有很好的想法，但卻沒有做法！他們有的是經驗，真正的實戰經驗，待你去請教他們是如何辦到時，你卻從其經驗中找不出什麼特定模式，然後你會發現，那些經驗只有他們自己會用，頂多可以當成激勵你的因子，但要從中找到「成功密碼」，恐怕連他們自己都不甚清楚。「反正就是比別人多三倍的努力與付出，多跑、勤跑客戶，業績一定可以跑出來。」這是你大概會得到的反應內容。

「為什麼你的顧客信任你，很快地你就達成交易？你建立信任感的策略是什麼？」、「如果這個策略有效，為什麼同樣的策略用在不一樣的顧客上，卻不一定有用？」這兩個問題是我經常會問 Top Sales 或銷售領導人的；但我聽到的，大都是一長串的豐功偉業和經驗內容，或是「我和顧客很談得來」這樣的說法。

你可能沒想過這一類「策略性」的問題，在我這一行，可不能隨便唬人，一語帶過。每個步驟與策略，我都必須仔仔細細地說明、示範、實際操練並提供比較，所以市場上教「概念與想法」的訓練課程很多，教「策略運用」的較少，如果有，也還是些傳統推銷術。我總認為銷售或經營事業最不可「頭痛醫頭」、「腳痛醫腳」，套句學習型組織大師彼德．聖吉的話，這叫「症狀解」，不是「槓桿解」！

契合＝同步＝成交

在銷售事業上，你成交過的顧客，是不是有百分之八十左右的人，頻率都跟你滿接近的？沒錯，仔細回想一下，為什麼？在心理學上有此一說，這叫「投射定律」——你總是容易吸引頻率與你較接近的人。而頻率不對，就會有「話不投機半句多」的情況。因此，大嗓門的人喜歡和他一樣大嗓門的人講話；而如果輕聲細語是你的特徵與習性，八成也容易吸引同類型的人。中國老祖宗說的「物以類聚」，不無道理，把嗓門大的人和輕聲細語的放在一塊，通常他們是彼此看不慣也談不來，一個覺得對方講話做事慢吞吞受不了，另一個嫌對方粗線條，說話太不懂得修飾。

契合感的建立，要從兩個面向切入，這是最基本且最重要的銷售策略之一，務必要學會並熟練至「自然而然」的境界。

第一是經驗上的同步，第二則是語言上的同步。

什麼是同步？每分鐘一百二十轉的馬達，你丟一個不等速的小石塊會被立刻彈出來；而如果丟進去的速度與馬達等速，它們就會一起轉動，這就叫同步。

先來談談何謂「經驗上的同步」。

每個人一生中在各個階段會有各種經驗，當人們遇見從未遇到過的事件或從未相處過的人時，就開始組織看見、聽見並感覺到的一切，這是一項感官並用的過程；在形成經驗的過程中，有些會被意識記錄，有些則被遺忘，而另一些則未在當下被感官接收，所以即使發生了，也似乎從未在意識中著床，又稱健忘或遺忘。

要發展實用的契合感建立策略，你務必對潛在顧客有些瞭解，有時，還必須研究你的顧客。

如果你的潛在顧客是一位朝九晚五的上班族，那麼建立契合的第一步，是提出適當的問題；我一直認為有效的問話比只是說明重要多了。

至於要如何發展經驗的內容，你可以從顧客的行業生態、家庭、親子互動、生活作息、運動休閒、個人喜好、教育、衣著、交通工具、購買歷史……等方面著手蒐集，而經驗的內容則必須與顧客有「切身關係」，同時又發生過的。想想看，一個上班族的顧客，在上下班尖峰時間可能會有什麼經驗？來不及打卡時會有什麼經驗？開會時、加班時、假日加班時、晉升的人不是他時、被挖角時等等。

如果顧客是位兩個孩子的母親，而且是個單親媽媽，她同時又是一個小型企業的創辦人，想想看，她與孩子們相處時的經驗、家裡與公司兩頭跑的經驗、孩子生病與會議同時發生的經驗、與客戶談判價格的經驗、和競爭對手爭取同一個顧客訂單的經驗、跑銀行三點半的經驗、簽到一個大客戶、大訂單的經驗等等。

先研究你的潛在顧客，再發展語言模式。想想看什麼樣的問話架構才是較適當且有效的，如果你問的是：「△我不確定過去你是否曾經有過○投資理財的經驗？」問句中△，指的是基本的指令架構，而○指的是經驗內容。為什麼要用「我不確定……」這種模稜兩可、不確定的表達方式？因為你並不清楚他是否真有其經驗。

如果你使用確定的字眼，是非常不適當且容易引起主觀意識上的防衛，這不是你樂於見到的。

經驗又可以區分為：過去、現在與未來。

過去：你剛才讀到的「我不確定……」即為一例，因為探討的是過去是否有過的經驗，所以，很容易讓顧客回溯到當時，而當顧客的內在注意力隨著問題回到過去的經驗時，他的內在注意力比較不會擺在如何拒絕你，同時，顧客的答案通常也只會在「有」或「沒有」的封閉型架構裡，這麼問主要的目的是讓顧客「固定」住經驗的內容，這樣才不至於分散主題，同時也使顧客「習慣」給你回應。

一旦顧客有了是與否、有或沒有的回應時，你必須立即對其回應產生興趣，也就是要讓顧客對你的產品有興趣之前，你必須先對顧客有興趣。你說是吧！

什麼叫「對顧客的回應有興趣」？如果顧客對於剛才問題的回應是：「有啊，我當然有投資理財的經驗。」接下來你該問的問題應該包含：「真的，你通常有哪些投資理財的管道（或方法）？」、「在你的這些投資或理財的管道中，有哪些真正幫你賺到錢？」、「有哪些理財方式是你碰都不碰的？」、「為什麼你會選擇這樣（或那樣）的方式？」

當你是位投資理財顧問，和顧客建立契合的語言模式就是從其過去的投資理財經驗、管道，並瞭解為什麼選擇這樣的投資或理財管道？依據為何？當然，你不必每個問題都問，重點是讓顧客回溯那些經驗，並開啟你們的對話。

關於顧客過去的經驗，要用「探尋」的語言模式。對顧客的回應產生興趣，是為了讓顧客多談談他的經驗，所以，要記得「先封閉，再開放」的問話原則。

經驗重疊

如果你稍微注意一下社會現象，會發現「群眾定律」——同經驗的人彼此互相吸引，同時形成一個社群。人們常因彼此有類似或共同的經驗而有互相模仿，乃至於產生相同的社會行動。譬如宗教團體，像慈濟功德會，他們彼此互相吸引，弘揚佛法、助人為樂，而發揮正面積極的社會力量。而一個想要購買的顧客，是很容易受其他有類似購買經驗的人影響其決策。所以，探尋顧客過去的經驗內容後，下一步，就是所謂的「經驗重疊」。

過去我有一位顧客，他也是一位成功的企業主（身分重疊），他很喜歡投資股票（經驗重疊），只是最近他工作繁忙（屬性重疊——相對現在這位顧客目前工作繁忙的屬性），在他看了我為他量身訂作的投資理財專案後，現在他放心的將其部分資產交給我來幫他做好資產配置計畫。——暗示其看完投資理財計畫，他能夠安心地將部分資產交給你做規劃。

好了，到目前為止，你已經學習到建立契合感的第一步策略，讓我們一起來整理重點：

1. 銷售時面對顧客，第一步是建立契合，不是建立關係。（這和你平常學的、聽到的不同，對吧！）

2. 契合＝同步＝成交。
3. 你可以從探尋顧客過去曾經有過的某方向經驗為起始點。
4. 務必使用模稜兩可的語言模式，而且是封閉式問題，以鎖定經驗內容。
5. 對顧客的回應要有興趣，以開放式問題探尋其經驗內容。
6. 做「經驗重疊」、「身分重疊」、「屬性重疊」，以及暗示。

關於第一點，**銷售時面對顧客第一步是建立契合，不是建立關係**。不相信？回答我一個問題：如果你所銷售的產品或服務的屬性適合每一個人，譬如壽險或投資理財，傳統的推銷觀念與做法是教你先與潛在顧客建立關係再銷售，照這樣的邏輯推論，你的親朋好友與家人、同學、過去的同事都與你有關係，他們都向你購買，成為你忠實的顧客了嗎？嗯，到現在，還沒有任何一位銷售人員告訴我確定的答案，因為答案都是「沒有」！不是說建立關係為銷售的第一步？那為什麼已經與你有關係的潛在對象不是每個人都向你購買呢？

嘿！想想看，「關係」是需要經營的，而經營是需要時間的，在還沒成交前，你和潛在顧客沒有關係，成交後才有買賣的關係，有提供服務的義務與接受服務權利的關係，至於人際之間的關係，那可是要花時間去培養的，因此，建立與培養關係真的是必須花相當的時間，不是三到三十分鐘可以搞定的事。

而根據「當你的銷售週期愈長，顧客的購買欲望愈低」這條亙古不變的銷售真理，你真正要做的，是建立契合與信任感，這當然與你的做人好壞有關。同時，又與你建立信任感的策略息息相關。你不一定會和有關係的銷售人員購買，然而，你卻會向完全相信的銷售人員購買，只要這產品或服務是你真正想要的。

所以，成交前，要與顧客建立契合與信任感，成交後，與顧客要建立的是關係，順序別弄錯了。

建立契合第二步——現在經驗的描述。

經驗不只有過去、現在與未來的經驗，它還區分為外在經驗與內在經驗。當你手上拿著這本書時，就形成了一個當下的經驗；同時，因為你手上拿著這本書是可以被另一人「看得見」的，所以它就符合了「外在」的屬性。

在你手上拿著這本書時，我告訴你：「你手上正拿著《催眠式銷售》這本書。」你會發現，我的話與你當下的經驗相吻合，對吧！在你的意識尚未發現前，你對我所描述的內容完全沒有異議，因為，那是一項可立即被你證實的事實。也因為如此，你會對我的描述深信不疑，只要我描述的是即時且又可被證實的「外在經驗」，那麼，我就符合了契合＝同步的基本規則。

反過來說，你手上拿著一本書，我的描述卻是「你正在看手錶」，而你並沒有「在看手錶」，這個外在動作自然沒有形成經驗，無法被你證實，也與現有經驗不符，因此不能達成契合，就等於不同步。

外在經驗因為「觀察」得到，所以很容易描述，你所要做的，就是選擇描述的時機與必要性描述。必要性描述指的是能夠使顧客認同並且喜歡、相信你，而願意接受你在銷售上專業的建議，進而成為一位滿意且忠實的顧客。

到目前為止，顧客還沒什麼機會向你說不，那是因為顧客沒有抗拒的施力點，也就是說，銷售人員常遇到被潛在顧客拒絕的主要原因，不外乎銷售人員製造了太多讓顧客可抗拒的施力點，通常情況如下：

銷售人員：「王先生，你買過保險嗎？」

潛在顧客：「買過啊。」

銷售人員：「買哪一家的呢？」

潛在顧客：「哦，保險我不需要啦，已經買很多了。」

銷售人員：「怎麼會不需要？每個人都需要保險啊。」

潛在顧客：「真的不需要，我已經買很多了。」

銷售人員：「那你買過哪幾家的保險？」

潛在顧客：「……」

如果你想引起潛在顧客的抗拒，又不在乎增加銷售的障礙，只要不和潛在顧客建立契合就行了。

內在經驗的描述

剛剛提到經驗區分為外在及內在，外在經驗是比較容易觀察得到，因為顧客的外顯行為隨時隨地都在發生，描述起來較不費力，你只要將注意力放在顧客上；而內在經驗則不然，你怎麼洞悉人的內心正在形成的經驗呢？簡單地說，你怎麼知道顧客心裡在想些什麼？難不成你得學會「讀心術」？

無論如何，你不得不承認，洞悉顧客真正擔心與關心的問題，對於讓顧客做購買決策是非常必要的關鍵。

當然，沒有兩個人的心理狀態在同時是一致的，除非契合瞬間建立。但你常聽到有人說：「你怎麼知道？我也是這麼想的！」

內在經驗常常跟著外在經驗而來，如果你嘗試著直接描述顧客的內在經驗，除非你的觀察夠敏銳與精準，否則我建議你還是遵循一些簡單的步驟。

為什麼不直接描述內在經驗以建立契合呢？道理很簡單，人們都不喜歡第一眼就被「看透」。所以，即便你很會「看人」，也千萬別隨便脫口而出，以免契合建立不成，反倒引起顧客的防衛與抗拒。

如果顧客正在看你的產品目錄或說明書，就形成了一個「外在經驗」。而因為這個經驗是即時又正在發生，**因此語言結構必須使用如「你正在看我給你的目錄」，待這個描述被其察覺並證實時，你才能下達下一個指令。**

「你正在看我給你的目錄，而且你正在想，有哪些產品是你真正想要的！」

「想」這個字眼是一種內在經驗的呈現，它不像表現在外的動作那麼容易被辨識，因此，當你要建立契合時，先以兩到三項可被立即證實的外在經驗開始描述，再連接到一項內在經驗的描述，是比較恰當的。

「王先生，你正坐在椅子上，手上正拿著筆，而且，你正在思考，做好這個退休帳戶計畫的必要性。」

練習

要描述的精準，同時契合建立的有效且快速，唯有透過不間斷的練習。在威力行銷研習會上，所有學員都必須透過實際的練習，方能確保學習與訓練的效果。所以，我建議你不要僅是閱讀而已，為了確保你的銷售能力能夠精進，請你務必要練習。

學習學習，「學」代表的是吸收知識，「習」代表的是執行知識，一個不能被執行的知識，是不會產生力量的！所以，擁有知識不稀奇，將知識轉換成利潤的來源才是重點！

你可以先學會分辨何謂「外在經驗」與「內在經驗」，接下來，找你的家人或同事練習，直至熟練，且不假思索就能輕易的建立契合，方能被你實際運用在銷售實況中，產生效果。

舉例：

1.「王小姐，你正在聽我介紹產品（表示你正在介紹產品），也正看著這項產品的操作方式，而且，你正在想，這真是一個新奇又令人喜歡的產品。」

2.「王董，你正開完一個會議，你的桌上正擺著我為你規劃的節稅方案，而且，你正在想，現在就做好節稅對你的重要性。」

3.「王太太，你正在試穿我們的調整型內衣，你的手正摸著內衣的質料，而且，你好喜歡穿在身上帶給你美麗與舒服的感覺。」

拿起你的筆，自己練習看看，你將藉由閱讀與練習，成為一個超級成功催眠式銷售大師！

第7章 你知道的，不一定是顧客要的

成功錦囊

熱情：擁有銷售熱情只是個開始，如何延續熱情才是重點。

——威力行銷研習會創辦人張世輝

這一章要和你談談，如何找出顧客要什麼？以及如何辨識什麼是顧客有興趣想聽的銷售內容。

如果你詢問大部分的顧客為什麼不喜歡接銷售人員的電話、或是在聽完銷售人員解說商品後，為什麼不購買、而他們又為什麼要找出一大堆拒絕的理由時，得到的普遍性答案是：他根本就沒弄清楚我要什麼，就一直推銷，講了一大堆產品特色、功能，好像我非買不可。

英文有句話形容這樣的銷售人員非常貼切：Eager to sell, but sell nothing. 這意思是說，愈急於銷售，愈銷售不彰。

這意思不是教你花很長的時間去「建立關係」，而是要能迅速的找到顧客要的是什麼。事先找出顧客要什麼，你就不用花那麼多的時間去「仔細」告訴顧客你所知道的產品內容，不然，你很可能自曝於風險之中。

這個風險就是，你說了兩項是顧客有興趣的，另外八項是顧客不要的，當不要的比要的多時，你就會虛耗掉顧客對你的專業信任感，導致一個失去耐心的顧客，對銷售是百害而無一利的。

我不認為銷售的形式要以過去傳統的「消耗戰」為主，銷售人員往往「消耗」掉顧客與自己的時間而不自知，一再重複的銷售循環，如果伴隨著時好時壞的鋸齒狀業績與收入，這常常是扼殺銷售熱情的無形殺手。職業倦怠不僅出現在行政人員身上，工作一段時間的銷售人員也逃不過了無新意的銷售循環，進而產生提不起勁的現象。

雖說「業績治百病」，卻也有業績傲人的銷售人員會突然停滯不前的情況，這種情形九成以上與停止學習新知識有關！因為他們總以為自己已經做了很長一段時間，該學都學了，該會的都會了，經驗豐富的結果，卻成了倦怠與停滯不前的原因之一！

新產品、新廣告、新宣傳、新人、新歌、最新的排行榜，這些「新」代表的是推陳出新，為什麼各行各業要推陳出新？因為刺激與創造消費嗎？沒錯。為什麼「新」可以刺激與創造消費？因為人們「喜新厭舊」的天性使然。

你說有人還是很念舊，喜歡收集古董，也沒錯，他們就不能歸類為喜新厭舊這一類的消費者吧？

乍聽之下有道理，但當你這麼去看時可能就有不一樣的解釋。因為舊的東西在現代不多，愈古愈舊的東西在現代來講，都是「最新」的，因為都已經不生產製造了！

所以，收藏家不僅收藏最新的芭比娃娃，更收藏最早生產的芭比娃娃，猜猜看，最早的芭比娃娃價格高還是最近生產的價格高？哪個收藏起來更有價值呢？

銷售人員的銷售模式是否也「推陳出新」？而舊的模式是否符合現在與未來的消費市場？

案例

「王董事長，我很重視顧客的時間與意見，為了節省您的時間，在我開始介紹這份節稅規劃之前，您可以先談談您在節稅規劃上，最重視的條件有哪一些？第一項是……」

「合法！節稅當然是很好，可是不要變成黃任中，那就慘了！」

「很好，還有呢？」

「隱藏資產吧！我覺得這點最不易做到。」

「還有嗎？」

「還有就是公司的穩定性。」

「王董事長，我瞭解您的意思，您在節稅規劃上最重視的三項條件，第一就是安全性，第二就是如何有效隱藏資產，第三就是我們公司的穩定性，是嗎？」

「對，沒錯！這幾項如果沒弄好，什麼規劃也沒用。」

「王董事長，現在讓我們一起來看看，我即將為您做的節稅規劃，是否符合您所想要的。首先，節稅規劃的有效性必須建立在安全與合作的基礎上，您說是吧！」

「沒錯！」

「因此，我們必須先從稅法的角度來看節稅的可能性……。王董，現在您瞭解這份節稅規劃的法源依據及合法性了吧！」

「我瞭解了。」

「接著，您提到這份規劃的技術部分，也就是隱藏資產，這得先從您過去或現在的資產配置瞭解起，然後再運用這個特別的帳戶來為您的資產……。王董，技術操作的部分及數字您瞭解了吧？」

「我懂了。」

「最後，就是您很在意的公司穩定性的部分，請您先看看我們公司的財務背景……，再來就是公司的管理階層……，最後就是我們公司服務過的顧客群……，王董，這是否就是您心目中穩定成長的公司應該具備的事實與條件呢？」

「嗯，不錯，你可以就技術操作的部分，再做詳盡一點的說明嗎？」

「沒問題，王董，您為什麼想瞭解更多的細節？」

「我愈清楚就愈能做決定，不然要是下錯決定，那可是得不償失。」

「王董，您真是我見過最仔細的一位企業主了。您在哪個部分要我再仔細說明、還有哪些資料是您想要知道的，以方便您做決定的呢？」

「我想再瞭解一下你剛剛提到的……」

案例說明

「王董事長，我很重視顧客的時間與意見，為了節省您的時間，在我開始介紹這份節稅規劃之前，您可以先談談您在節稅規劃上，最重視的條件有哪一些？」——面對主觀意識較強的潛在顧客時，務必要「照顧」到其主觀意識，以客為尊。**在向顧客介紹任何產品或服務內容前，事先找出他在做相關的購買決策前，最重視的參考條件有哪一些，而不是貿然地直接介紹產品本身。**在催眠式銷售的策略運用上，這是一種「集中焦點」式的做法，故又稱此為「焦點指令」。

當你將同樣的問題放在不一樣的顧客身上時，得到的答案及順序幾乎沒有兩個一樣的。然而，大部分銷售人員介紹產品的內容卻大同小異，沒什麼不同，這也是為什麼要設計出這類型問題的原因。你可以做這樣的練習，去問問你的同事、顧客或家人，「如果你要買車或換車，你最重視的購買條件有哪些？」包準你得到的答案內容與順序都不同。然而，去看看那些在賣車的業務員，介紹車子的話術與內容卻沒什麼差異性！如果你連顧客做購買決定時，最重視的條件是什麼都不清楚，豈不是「亂石打鳥」，說不定連一隻都打不到！

一個顧客為什麼會向銷售人員購買？因為從頭到尾他說的都是顧客要的！

一個顧客為什麼不向銷售人員購買？因為從頭到尾他說的都不是顧客要的！

先找出顧客要什麼，再彙整他要的內容與順序，確認一遍他所說的；內容、順序不可任意更改，而你認為的重點，擺在顧客要的內容後面解說；顧客的注意力會特別集中在他在意的內容上，給顧客他所想要的，而不是你要的！切記。

本章重點：

1. 介紹商品前，務必找出顧客最重視的購買條件是什麼。
2. 愈急於銷售，愈銷售不彰！
3. 無論你的銷售成績如何，都要持續不斷的學習，以持續性的刺激、創造自己的銷售熱情與靈感。豐富的經驗有時是最好的老師，有時又是扼殺熱情的最大殺手！水能載舟，亦能覆舟。
4. 打電話給顧客前，別忘了為他們準備個新點子。

第8章　你的銷售定位

成功錦囊

代價：為了幫助或爭取一個顧客，你願意付出多大的代價？

——威力行銷研習會創辦人張世輝

在銷售事業上，你如何看待自己，你就會成為什麼樣的人。所以，你是如何看待你自己在銷售事業上的定位呢？

由於人們極易被各領域的專家或權威者所影響，特別是在人們有需要，卻尚未表現出想要的時候。人們常常選擇相信並遵照醫生的叮囑，特別是在生病的時候；父母常常選擇相信一位用心教導的老師，特別是自己的孩子是其學生的時候；而顧客總是渴望跟著銷售贏家走。

要成為一個有影響力的銷售贏家，你必須成為那個領域的專家，最重要的是，要讓顧客知道這一點！

你是個壽險業務員嗎？不，你應該成為一個資產配置、投資理財的專家。

你是個教材推銷員嗎？不，你應該成為一個能促進學習的知識工作者。

你是個健康食品的傳銷商嗎？不，你應該成為一個能促進顧客健康、延年益壽的健康傳播與教育者。

無論你銷售的是什麼，你都必須以一個專家的狀態與身分去面對顧客，銷售的重點不在於你多會介紹產品與服務，而在於你如何創造一個情境與氛圍，讓顧客開口向你買！銷售不在於價格有多低，那只是短期內拉攏顧客的策略性做法；銷售真正的影響力來自於，你如何使顧客相信你是這個領域的專家！

顧客要的，不是一個保險業務員，而是一個能夠解決他財務問題的專家！

顧客要的，不是一個教材推銷員，而是一個能夠解決他孩子學習問題的專家！

顧客要的，不是一個只顧著推銷健康食品的傳銷商，而是一個能夠解決他健康問題的專家！

顧客要的，不是一個電腦售貨員，而是一個能夠提升他工作效率與減低壓力的專家！

你是顧客要的那個專家嗎？

案例

曾有位銷售人員被推薦來找我，縱使他原本認為沒有那個必要。他告訴我說：「我每打十通電話，就有八個潛在顧客願意見我。」我說：「很好，那你的邀約成功率簡直太高了，恭喜你，然後呢？」

「可是，最後平均成交的不到兩個，有時候連一個 case 都簽不下來，這一定是我的締結技巧出了問題，你有沒有開班傳授 close 技巧的課，我要報名。」我告訴他，我沒有開這樣的課，他顯然很不滿意我的答案。「怎麼可能沒有！你不是專門在開銷售的課嗎？」

我實在覺得他的反應很有趣，接下來我就問了他幾個問題，你可以試著從這些問話的結構裡，找到一些不費力的銷售策略。以下就是我在現場提問的問題：

（A代表我，B代表這位銷售人員。）

A：「你說你的邀約成功率是每十個人可以約到八個，是嗎？」

B：「是的，一點都沒錯。」

A：「而你的成交率卻不到十分之二，有時連一個都沒有，是嗎？」

B：「是啊！不過你不要搞錯，我可是既積極又很努力，我之前還得過公司的 Top 10……」

A：「我懂你的意思，我絕對相信你是位積極又努力的 Top Sale。你只是暫時遇到了些問題，然而，這不會影響到你的事業與銷售動機和行動，是吧？」

B：「那當然囉。」

A：「OK，現在，我只想弄清楚一件事，你知道是什麼事嗎？」

B：「不知道。」他邊搖頭，邊帶著疑惑的表情。

A：「這件事情就是：是誰告訴你，你的成交率低，是因為你的 close 技巧出問題？」

B：「嗯，業務都做了那麼多年了，怎麼會不知道，我最瞭解自己銷售時哪部分有問題，做業務連自己問題出在哪兒都搞不清楚，我又不是新人！」

A：「你說得對，你當然最瞭解你自己。請再回答我另一個問題：你過去生過病嗎？」

B：「有啊！」

A：「你生病時有看過醫生嗎？」

B：「當然有！」

A：「你生病幹嘛看醫生？」

B：……（沉默且疑惑）

A：「你生病根本不用看醫生嘛！」

B：「為什麼？」

A：「你不是說你最瞭解你自己，最清楚問題出在哪裡，你哪裡需要看醫生？你自己就可以把自己醫好了，還看什麼醫生？我再問你一次，是誰告訴你，你的成交率低，是因為你的 close 技巧不好？」

B：……（陷入沉思）

A：「所以，你根本就不知道是哪裡出問題而導致成交率低，是吧？」

B：（他點點頭，表示贊同）

A：「你是否贊成，銷售不可頭痛醫頭、腳痛醫腳？」

B：「贊成。」

A：「你願意隨便去上個『成交十八招』的課去頭痛醫頭，還是你想要學習真正能幫你持續突破績效的系統化策略？」

B：「當然是第二個選擇囉！」

A：「為什麼你選擇第二？不選第一呢？」

B：「因為我可不想頭痛醫頭，何況你又說得滿有道理的，如果真的能學習持續突破績效的方法，怎麼會有人不要！重點是要真正有效才行。」

A：「嘿，你真的很棒，而且看來你已經抓到真正的重點，你確定要學習突破績效的策略，而不再只是頭痛醫頭、腳痛醫腳了？」

B：「確定！」

A：「OK！你想要早一點開始，還是過兩年後再說？」

B：「當然是早一點囉！」

A：「你果然是一個真正的銷售贏家，請在這裡填好報名資料。」

案例說明

以上的案例中，有幾項重點是你務必瞭解的，雖然各行各業銷售的產品及提供的服務不同，然而，我們卻都有共同的銷售對象——顧客，而顧客是人，只要你的銷售對象是「人」，這套催眠式銷售策略都適用。

你準備好了嗎？現在就讓我們一起來探究這些實用又有效的策略。

資源：顧客的口語資源包括他所說出來的話。

「我每打十通電話，就有八位潛在顧客願意見我。」很好，然而資訊不足，構不成完整的圖案，資訊不足時，千萬別隨便談你的產品，因為愈急於銷售，愈銷售不彰。所以，先建立語言上的契合，同時建立狀態上的契合。「狀態上」的契合指的是，顧客在表達或面對銷售訊息時的生理與心理狀態。他在說或表達這個經驗時，臉上露出勝利者的表情，語調上揚。「很好，那你的邀約成功率簡直太高了，恭喜你。」這句話是在描述他的狀態，並建立同步。「然後呢？」是在鼓勵他繼續敘述，同時也暗示他的意識：嘿，你做得很好，我很有興趣想再多瞭解一些，多告訴我你還想說的吧！

「可是，最後平均成交的不到兩個，有時候連一個 case 都簽不下來，這一定是我的締結技巧出了問題，你有沒有開班傳授 close 技巧的課，我要報名。」一般而言，銷售人員不會放棄任何一個明顯的銷售機會；不過成效不彰。主要原因有以下幾項：一是他太快驟下結論，認為自己認定的就是問題癥結，前面談過，資訊不足，不足以構成完整的圖案，在不完整的資訊中驟下結論或直接提供解決方案，只會造成一個頭痛醫頭、腳痛醫腳的循環；二是太想完成交易，於是替顧客設想得不夠周全。

接下來的對話，你應該很清楚的看到「契合＝同步＝成交」的發展策略。「你說你的邀約成功率是每十個人可以約到八個，是嗎？」——語言上的同步，用口述對方正在形成（或形成過）的經驗。「而你的成交率卻不到十分之二，有時連一個都沒有，是嗎？」——語言契合。「是嗎？」——使對方在每一項重複確認的事實上產生認同，並確定我所說的是事實，同時亦促使對方習慣贊同我所說的。因為完成交易與顧客的委託，是讓顧客做較大的承諾，也就是一個大的 Yes，而大的 Yes 是從小的 Yes 一個一個累積來的。銷售人員必須讓顧客習慣且自然而然地產生贊同。

「我懂你的意思，我絕對相信你是位積極又努力的 Top Sale。你只是暫時遇到了些問題，然而，這不會影響到你的事業與銷售動機和行動，是吧？」——與其主觀意識相呼應，因為他之前表示自己過去曾是 Top Sale。充分表現出其維護自我主觀意識的意圖，我必須與其主觀意識相呼應而使他感覺舒服，以持續對話。

「然而，這不會影響到你的事業與銷售動機和行動，是吧?!」——插入式指令，探測他是否有堅定的銷售動力，是否願意付出真正的行動，還有做決策時是否優柔寡斷或勇往直前。「OK，現在，我只想弄清楚一件事，你知道是什麼事嗎？」——誘導型指令，誘發顧客產生期待的最佳良方，語意模糊會使人產生想要一窺究竟的衝動，屬於潛意識語言。而當顧客說「不知道」的時候，就是他想知道的時候。

「這件事情就是：是誰告訴你，你的成交率低，是因為你的 close 技巧出問題？」催眠式銷售最有力的策略之一，就是提出這類借力使力的問題，驟下結論的直覺性反應是人類的通病，因此，運用顧客本身所提出的結論來影響他自己，是一種有力的轉折點，只要你把握正確的時機，特別是在契合感建立得很好的時候。

「你說得對，你當然最瞭解你自己。」——語言上的同步，以建立契合。「請回答我一個問題：你過去生過病嗎？」——「請回答我一個問題」屬於嵌入式命令，暗示他對接下來提出的問題準備好回應的狀態。「你過去生過病嗎？」引喻法，同時阻斷其正常思考與行為創造其意識上的變異。

「你看過醫生嗎？」——連續性問話，通常具有因果關係，使聽者產生時空或因果的關連性，與上一個指令「你過去生過病嗎？」相呼應。「你生病幹嘛看醫生？」——繼續使其產生連續性的變異狀態，因為此語意上不合常理，生病當然要看醫生，為什麼不呢？「你生病根本不用看醫生嘛！」——延續語意上的的不合常理，使其變動狀態與意識不間斷。

「你不是說你最瞭解你自己，最清楚自己問題出在哪裡，你哪裡需要看醫生？」——語意上的整合；「你自己就可以把自己醫好了，還看什麼醫生！」——暗喻，指的是一種平行的對稱，相對於：你自己就可以解決銷售上的問題，因為你最瞭解自己的銷售，既然如此，你就不需要我的協助！

在此同時，他卻坐在我的辦公室裡，而他的出現是因為他認為在銷售上有了問題想承認，因為對某些人來說，承認問題本身有差人一等的錯覺，而他本身確實需要協助，這真是一個矛盾卻又有趣的現象。

好了，現在你應該對催眠式銷售的應用有一些基本的認識與瞭解。我之所以解釋架構，是要告訴你，銷售話術愈來愈不管用，是該改變的時候了！當然，篇幅有限，分析至此，咱們再來談談其他的催眠式銷售策略，好維繫你的新鮮感。

第9章 站在顧客的立場談生意，而且要站對位置

成功錦囊

勇往直前：只要你確定產品對顧客是百利而無一害，你就可以勇往直前，無畏無懼。

——威力行銷研習會創辦人張世輝

這一章要和你談談「感同身受」式銷售。

如果顧客購買意願十足，購買能力不足，因此無法做購買決定，身為銷售人員的你，該怎麼做，才能逆轉情勢，順利使顧客採取購買行動？

當顧客很喜歡你提供的產品，她立即就能簽約、付款，然而，她卻因為擔心

先生的反對而躊躇不前，雖然喜歡，卻不得不屈服在擔心的陰影下而放棄購買的念頭，你該如何兩全其美，既能使其安心做決定，又能將先生的反對轉換成支持？

你的一位新開發的潛在顧客欲徵詢另一位他認識的同事意見，方能安心做決定要或不要，這位同事是你稍早談成的顧客，他有非常正面的購買與使用商品經驗，而且也很滿意你們公司的服務，然而卻在被徵詢意見時，告訴對方：「不要那麼快做決定！」你該怎麼處理？

常有銷售人員把「不想給顧客壓力」當作無法完成交易的理由。無法完成交易並不需要去解釋為什麼做不到，因為平庸的銷售人員喜歡「抓錯」，頂尖銷售贏家喜歡「做對」！「抓錯」並不會使你或其他事業夥伴做得更好，相反的，當你將注意力集中在「哪裡做錯」時，你就會錯誤百出。

執行正確的銷售流程，將不可控制因素降到最低，並且，對於顧客保持一定程度的興趣，事先研究你的商品如何有效解決顧客的問題，以及如何滿足顧客的期望；而不是老想著業績還差多少，通常，都是愈差愈多！

這些為自己銷售策略不奏效而提出理由的銷售人員，以為這叫做「為顧客著想」，所謂的「不要給顧客壓力」指的是：「我自己害怕面對顧客拒絕的壓力」。有這種問題的人很多，只是不願意承認罷了。

如果你認同「銷售的宗旨，是建立在幫助顧客得其所欲的基礎上」，想想看，你若因為自己的銷售策略不奏效而無法幫助顧客立即擁有應該要有的人身保障，而使其暴露於風險之中，身為壽險顧問的你，這叫「為顧客著想」嗎？

解決顧客抗拒與疑慮最有效的方式，就是立即擁有你的商品所帶來的好處，其他，都是多餘的！重點是，你得先有這項認知，如何使顧客愉悅的擁有商品帶來的好處，這才是真正的「站在顧客的立場、為顧客著想」，而不是為不奏效的銷售策略戴帽子，任何解釋做不到的理由都只會阻礙你的成功與進步，甚至會讓你的顧客望而卻步，因為，顧客總是渴望跟著銷售贏家走，而「贏家通吃」這句話一點也不假。

你是該站在顧客的立場，而且，請站對位置！

顧客在面對你的銷售時，因為任何一項理由而無法採取購買行動，請問，沒有立即擁有你的商品或服務為他帶來的利益，對顧客有什麼好處嗎？答案如果是「沒有」，那不是虛耗掉顧客對你的專業信任感，同時又浪費彼此的時間？這都還能找出理由來「解釋」為什麼做不到，豈不令人匪夷所思？

案例

「王太太，我是A公司教育顧問王弘，你現在可以講電話吧？」

「可以，可是不能太久。」

「我知道你可能待會兒有事要忙，我想利用最短的一分鐘和你談談，我今天打電話給你的目標：第一，就是我會約時間和你碰面；第二，就在我們碰面的三十分鐘內，我會提供一項能讓你的小朋友在家自學美語的系統；然而，在這之前，我必須先確認一下，你家中是否已經有一系列培養孩子美語能力、開發智能與人格教育的系統？如果有，我就不浪費你的時間；如果沒有，而你正好也有興趣想瞭解這套系統對孩子的幫助，我們再談，現在家裡有嗎？」

「沒有，可是我孩子還只有幾個月大，太小了，等長大一點再說。」

「我瞭解你的意思，在我掛電話之前，我想再請教另一個問題：你之前聽過或讀過零歲教育的內容嗎？」

「我聽過，內容沒看過。」

「零歲教育裡有一項最重要的研究與發現，和你的孩子有最直接的關係，你知道那是什麼嗎？」

「不知道。」

「專家們研究發現，百分之八十的腦細胞發育在三歲前就已完成了，這是零歲教育對人類智能開發最大的貢獻，而大部分的家長誤以為，所謂的教育，是指一切都在學校、老師的環境下所造就的，這往往會錯失培養孩子的最佳時機，而有系統的語言刺激，是激發孩子智能的最好方法。王太太，你是想讓孩子等過了三歲以後再說，還是把握現在智能發育的黃金期，哪一個對孩子比較好呢？」

「應該是後者吧！」

「為什麼你覺得後者比較好？」

「因為你剛才說孩子的智能開發、腦細胞發育在三歲時就已經完成了百分之八十，當然是三歲前比較好。」

「王太太，那是零歲教育的專家們研究的結果，我只是引用，你現在知道為什麼要和我碰面的原因了。你覺得這禮拜的哪一天比較好？」

「禮拜三好了。」

「上午還是下午？」

「下午三點。」

「ＯＫ，我會在這禮拜三下午三點準時到，王太太，在你聽過與看過這套系統後，你就知道為什麼要為孩子做這項教育投資的原因了，謝謝你，下週三見！」

案例說明

「王太太，我是A公司教育顧問王弘，你現在可以講電話吧？」——電話開發或邀約時，事先確認對方目前能與你通電話。

「可以，可是不能太久。」——顧客的正常反應，她也許擔心被推銷或是被佔去太多時間。

「我知道你可能待會兒有事要忙」——語意上的同步，以和她的表意識呼應。

「我想利用最短的一分鐘和你談談，我今天打電話給你的目標」——直接陳述目的在銷售上被運用在快速篩選準顧客，而且它有使人放鬆與集中注意力的作用。

「第一，就是我會約時間和你碰面；第二，就在我們碰面的三十分鐘內，我會提供一項能讓你的小朋友在家自學美語的系統」——當你使潛在顧客集中注意力的同時，必須立即做二件事，一是立即確認對方的狀態，是否正在集中注意力；一旦確認後，就必須立即提供集中注意力的標的，此處標的指的是：你的產品（或服務）能為顧客帶來什麼樣的主要利益。

「然而，在這之前，我必須先確認一下，你家中是否已經有一系列培養孩子美語能力、開發智能與人格教育的系統？如果有，我就不浪費你的時間；如果沒有，而你正好也有興趣想瞭解這套系統對孩子的幫助，我們再談，現在家裡有嗎？」——篩選潛在顧客的購買意願是在邀約時，特別重要的一個動作，而大部分的銷售人員很容易忽略這項重要的動作，而導致面對潛在顧客時，不夠精準的窘境。而篩選的第一要務，就是要先找到「不要商品或服務所帶來主要利益的人」，剔除不要的，而留下要的，你的銷售才會更有效，而不至於浪費時間；對一個「不要」的人懷抱著不切實際的期望，往往也是銷售人員最常犯的錯誤。只是，大部分的銷售人員並無察覺。

「沒有，可是我孩子還只有幾個月大，太小了，等長大一點再說。」——這是潛在顧客在尚未信任與深入瞭解銷售人員及商品能為她做些什麼的典型反應，然而，它卻不是個真正的抗拒，百分之九十五的銷售人員會以處理抗拒的方式來面對，這可使不得！她只是因為不瞭解而無信任感而已，她並沒有抗拒，如果你當這是顧客的拒絕來處理，往往你也就失去一個有成交潛力的顧客！

「我瞭解你的意思，在我掛電話之前，我想再請教另一個問題」——這是一個沒有爭論的策略運用，既然「瞭解」你的意思，我就會照著你的意思去做；雖然潛在顧客並未明確指出她的「意思」指的是什麼，銷售人員仍可以大膽的假設她的真正意思是「不要」，這也就自然衍生出「在我掛電話之前」的緩和策略，使其卸除防備，而較易接受下一個指令的誘導。「我想再請教另一個問題」則屬於一種「利益交換」的結構，暗指「請教過這一個問題，就會掛上電話」，以換取對方的配合。

「你之前聽過或讀過零歲教育的內容嗎？」——這是以專業知識來突圍的策略性做法，這類型問題會導引出兩種口語答案，但口語回應的內容卻不一定真實，銷售人員此時要觀察潛在顧客回應問題時的非語言訊息，研判其口語回應的真實性，以作為下一步策略的參考。

「我聽過，內容沒看過。」——無論其口語回應是什麼，你都可以繼續往下鋪路，因為，潛在顧客已經被誘導轉移了意識，暫時離開了「小孩太小」的區域，因為有另一件她想知道卻不瞭解的事分散了她原有的注意力，這表示意識誘導與轉移的策略奏效，你可以將「路」鋪到你要她走的方向。

「零歲教育裡有一項最重要的研究與發現，和你的孩子有最直接的關係，你知道那是什麼嗎？」——你即將提出的專業內容必須與銷售對象有直接的連結，方能引起她更大的注意，其效果為：使其完全專注在你的銷售情境內，當你的銷售內容與銷售對象連結時，潛在顧客很難不將注意力集中在其情境裡。

「不知道。」——當潛在顧客說不知道時，就是她想知道的時候！

「專家們研究發現，百分之八十的腦細胞發育在三歲前就已完成了，這是零歲教育對人類智能開發最大的貢獻，而大部分的家長誤以為，所謂的教育，是指一切都在學校、老師的環境下所造就的，這往往會錯失培養孩子的最佳時機，而有系統的語言刺激，是激發孩子智能的最好方法。王太太，你是想讓孩子等過了三歲以後再說，還是把握現在智能發育的黃金期，哪一個對孩子比較好呢？」——以專業知識或內容影響潛在顧客時，任何的專業內容、事實與證明，皆必須使人信服，並且使其感覺不到任何唱反調式的說服，最後，再提供現況與專業內容的選擇，而顧客總是會選擇對自己比較有利的，就像是這個選擇：

「應該是後者吧！」

「為什麼你覺得後者比較好？」——這是讓顧客自己強化「要」的動機與思考「要」的理由，理由愈充分，動機愈強烈。

「因為你剛才說孩子的智能開發、腦細胞發育在三歲時就已經完成了百分之八十，當然是三歲前比較好。」——前面提過，專業內容一旦與銷售對象連結後，會立即引起潛在顧客的大量注意，表示專業內容已經為顧客所接收，並進而對其產生了影響力。而她先前的防衛性理由（孩子太小了）在這兒已經被轉換成一項購買的有力證明，想想看這句話：顧客的防衛性理由就是成交的資源。在此處得到驗證。當然，後續的開發（或稱為邀約電話）就自然地順利敲定，而不再停留在防衛的理由上。

本章重點：

1. 不要把無法成交的原因歸咎於「不想給顧客壓力」。
2. 平庸的銷售人員喜歡「抓錯」，頂尖銷售贏家喜歡「做對」。
3. 在銷售時，所謂的「不要給顧客壓力」，指的是「銷售人員自己害怕面對顧客拒絕的壓力」，有這種問題的人很多，只是不願意承認罷了。
4. 解除顧客抗拒與疑慮最有效的方式，就是立即擁有你的商品所帶來的好處。
5. 你是該站在顧客的立場著想，而且請站對位置！
6. 「不想給顧客壓力」是站錯位置！
7. 「如何使顧客愉悅地擁有商品帶來的好處」就是站對位置，一旦你站對位置，確認不要讓任何障礙把你移開！

第10章　創造問題才是真正的銷售致富之道

成功錦囊

得其所欲：銷售，是建立在幫助顧客得其所欲的基礎上。

——威力行銷研習會創辦人張世輝

這一章要和你談談真正的銷售致富之道。

每一種相同或不同類型的商品，都能提供消費者一定的功能，而每項功能也都可以為消費者帶來各種他們想要的好處。然而，就深涉型商品的銷售過程而言，每一種功能都極類似，所以，常導致消費者眼花撩亂，不知如何下手，特別是透過銷售人員所銷售的商品。

「我們販賣解決方案」，是從九〇年代開始風行的企業口號，市場上一旦有一家具指標性的企業，掛上諸如此類的變革性號誌時，是非常容易引起注意的舉動，伴隨而來的，就是一窩蜂的模仿風潮，頓時，幾乎同類型的企業也都改弦易轍，重新換上「解決方案」的銷售旗幟。

提供解決方案式的銷售是將商品本身視為可以解決顧客某些切身、重要的問題，然而，這種銷售方式若要見效，就不只是在銷售人員說明時，介紹商品本身的特性、功能而已，如果銷售人員這麼做，充其量就只是個「商品解說員」而已，而當商品解說完後，還是有近八至九成的潛在顧客未採取購買行動。當然，有的人覺得，至少有一至二成的人會買，這已經是不錯的了；然而，如果你真有這樣想法，你在銷售事業上就永遠別想得到真正的財富與成功。因為，你的「野心」太小了！

如果你的商品功能之一是：「生病住院時，每日可獲五千元的理賠金」，那麼在你介紹並說明這項功能時，你就不能用直接描述句：「生病住院時，每日可獲五千元的理賠金，它可以解決你在生病住院時，收入中斷的問題。」

為什麼這類的陳述或直述性銷售語言會沒什麼效果？因為，那只是商品本身的功能陳述而已，而這樣的陳述卻未和潛在顧客的問題結合。你可以說：「它可以解決你在生病住院時，收入中斷的問題。」不就是與潛在顧客的問題結合？功能直述，問題也直述，反而不會有什麼好效果。

真正有效的「提供解決方案」式銷售，是要透過「創造問題」，而不是「解決問題」的模式。為什麼？因為，潛在顧客聽過一堆的商品功能說明卻仍做不了決定，索性乾脆關起各項溝通頻道，直接做了一個「不要」的決定！這也是身為銷售人員的你最不喜歡的答案！

如果你所提供的「解決方案」真能解決顧客的問題，而你又想讓顧客立即採取購買行動，在邏輯上，勢必要先讓顧客「想要」或「渴望」要解決這個「問題」，**既然要解決問題，就必須使顧客體認到這個問題，光提供解決方案，並不能使顧客有想解決問題的欲望；因此，創造問題就等於創造欲望。**

「我知道這產品能解決這些問題，然而我現在並不急著解決，況且，你怎麼知道我有這些問題？」這是一個未被引起想解決問題欲望的顧客內在聲音。

另一方面，根據人性心理，有「問題」的人通常都不願意輕易承認自己的問題，不論是生活上或工作上，因為，有一堆人認為，承認問題就代表自己無能，沒面子，「我怎麼會告訴你，我在事業經營上的問題？」你如果告訴一個中產階級的顧客：「你在財務結構上有很大的缺口……」你猜他的反應是什麼？「我的財務有缺口，你就沒有嗎？」

你應該牢牢記住這條鐵律：有問題的人，是不願意承認自己的問題的！原因：面子與自尊，才是真正的問題。

由此看來，創造問題比提供解決方案更有賣點，主要是因為「創造」這兩個字；創造問題就等於創造渴望，當你在提供解決方案之前，「創造」了這麼一個問題：「王董事長，你知道如何透過有效的資產配置，來達到節稅的功能嗎？」、「你知道如何讓每年省下來的稅金還能轉投資獲利的方法嗎？」、「王小姐，你知道如何在支出保費的同時，還能擁有保險公司投資獲利的紅利分配嗎？」、「王先生，你知道如何讓自己每天只用二至三小時，就可以使自己更健康、更快樂的做法嗎？」

有效的提問問題，是你提供任何解決方案前「一定」要採取的策略。

「你知道如何抓住顧客最大的注意力，並立即採取購買行動的方法嗎？」你的解決方案無論在內容與步驟上，都必須是顧客不知道也未曾做過的，否則，你的問題也將失效。

案例

「王老闆，我相信您原來就已經擁有一些保障了吧？」

「沒錯，我在好幾年前就已經做好規劃了，現在我並不需要多餘的保險。」

「我懂您的意思，王老闆，您原有的保費支出本來就會為您帶來相對應的保障，這是無庸置疑的；您可不可以告訴我，您的保險除了能為您帶來保障外，是否還能幫您賺錢呢？」

「嗯……好像不行。」

「如果可以既有保障，同時又能幫您賺錢，您要，還是不要？」

「當然要，但哪有那麼好的事？」

「王老闆，您知道如何讓您在擁有保障的同時，又能幫您賺錢的方法嗎？」

「不知道。」

「在我即將告訴您如何做到之前，我想先請教您幾個簡單的問題。第一，您為什麼要讓自己在擁有保障的同時，保單還能幫您賺錢呢？」

「嗯，除了有保障外，另外還能有獲利，這不等於是一塊錢二份用，這當然好囉！不然，錢都給保險公司賺走了，那我們賺什麼？有錢賺當然好啦！」

「很好，王老闆。第二個問題是，您覺得，什麼時候開始讓您的保單幫您賺錢比較好，是愈早愈好，還是愈晚愈好？」

「愈早愈好！」

「您所謂愈早愈好的意思是：現在就有能力，做好這個規劃比較好，還是等五年後再說比較好？」

「當然是現在。」

「王老闆，現在，讓我們一起來看看到底要怎麼做，才能讓您的保險不只帶來保障，還能幫您賺錢的方法……」

案例說明

「王老闆，我相信您原來就已經擁有一些保障了吧？」——這是一種「假設顧客已經擁有商品好處」的策略，以取代傳統的開場：「你有沒有買投資型保險？」這種問話方式叫做「自殺式問話」，還沒開始銷售說明，就已經引起潛在顧客的防禦系統，實在找不出比「自殺」更好的形容詞了。

假設顧客已經擁有商品的好處，可以使顧客不但降低防禦，有時候他還會很樂意的回答這個問題。在銷售上，一開始就使顧客無從抗拒，是銷售人員必須具備的策略之一。

「沒錯，我在好幾年前就已經做好規劃了，現在我並不需要多餘的保險。」——這是前面「假設擁有」策略所引起的直接反應，在「好幾年前就已經做好規劃」是真的，而「現在我並不需要多餘的保險」是不想被推銷的標準反應，對於類似的反應，你可以選擇不予理會，或以口語描述，來建立同步，並且轉接到下一階段的問題上。

「我懂您的意思，王老闆，您原有的保費支出本來就會為您帶來相對應的保障，這是無庸置疑的；」——在此例中，我們選擇以口語描述，並簡單定義原購買經驗的認知，目的是與「現在我並不需要多餘的保險」契合。一旦契合，你和潛在顧客在這一點上就站在同一邊了。契合是一座連結你與顧客購買意識的橋樑，缺了它，你就甭想談成任何生意。

「您可不可以告訴我，您的保險除了能為您帶來保障外，是否還能幫您賺錢呢？」——前面的契合一旦建立，你就可以適時地提出這類誘導型問題，有人說銷售時不應該提出誘導型問題，只要直接闡明商品功能，做好需求分析就好，還有人說「誘導」是不道德的；我實在悟不透到底「誘導」有什麼錯？我那可愛的兒子在他五歲的某一天，在我開車的時候問我：「爸爸，你愛我嗎？」「當然愛你囉！」「那你聖誕節要送我什麼禮物？」你看，趁我開車時，問我這幾個誘導型的問題，讓我一點都無法說個「不」字，實在看不出來這和道德有啥關係，我只聽過猶太人說：貧窮是一種罪惡，沒聽過「促使顧客購買」是項罪惡。

「嗯……好像不行。」——這就是你要顧客應該要有的口語反應，為什麼？因為如果他說「可以」，你丟出來的商品誘因就沒戲唱了，既然已經擁有這項好處，誘因就自動消失。

「如果可以既有保障，同時又能幫您賺錢，您要，還是不要？」——前面已經確定他並無這項商品帶來的好處，接著，就可以用結果導向的問話，直接探測顧客是否有任何想要的意願，這麼做的目的有兩個：一是探測對方的購買意願；二是設法達成意識上的成交。

「當然要，但哪有那麼好的事？」——當人們有問題的時候，常常會不願意承認，然而，有時候要人們承認自己的期望或欲望也會有部分類似的心境，不隨便向銷售人員承認自己想要的意願，往往也基於不願被「看透」的心理狀態，因此，「哪有那麼好的事」自然就伴隨著「當然要」出現。

「王老闆，您知道如何讓您在擁有保障的同時，又能幫您賺錢的方法嗎？」——在你使用「如何」這類型字眼時，你的目的是誘導顧客去思考一個問題的解決步驟，前面說過，在顧客沒有確認問題，擁有想要解決問題的欲望時，任何商品所呈現的解決方案都不怎麼奏效，直到你燃起那股渴望為止。

「不知道。」——當顧客說「不知道」的時候，就是他想知道的時候！

「在我即將告訴您如何做到之前，我想先請教您幾個簡單的問題。」——在顧客期望得到問題的解決之道前，你不能急著立即給解決方案的內容，取而代之的是，你必須延續他的欲望，以使其驅動購買的決定。

「第一，您為什麼要讓自己在擁有保障的同時，保單還能幫您賺錢呢？」——這是一個屬於「動機」的問題，讓顧客自己講出或思考「為什麼要這麼做」的理由時，就等於強化他想要的欲望，你可以較不費力的銷售，當一個稱職的傾聽者。而問對問題後，顧客的思考範圍較不易跑到其他不購買的理由上；讓顧客自己影響自己做購買決定，則是催眠式銷售的主要哲理。

「嗯，除了有保障外，另外還能有獲利，這不等於是一塊錢二份用，這當然好囉！不然，錢都給保險公司賺走了，那我們賺什麼？有錢賺當然好啦！」——有許多潛在顧客在銷售人員詳細介紹商品後，卻仍不知該不該做購買決定，往往是顧客沒有立即做決定的理由。理由愈充分，購買動機愈強烈，千萬不要在潛在顧客沒說出自己要的理由前，就說明商品內容，不成交的風險過大！而這個顧客正在告訴銷售人員，他為什麼「要」的理由。

「很好，王老闆。第二個問題是，您覺得，什麼時候開始讓您的保單幫您賺錢比較好，是愈早愈好，還是愈晚愈好？」——第一個問題是建立在探詢動機上；第二個問題則是建立在「時機」上，許多的潛在顧客在聽完銷售簡報後，常常會告訴銷售人員：「這商品功能很好，可是我不急著做決定。」因此，讓潛在顧客講出自己要的理由後，下一步，就是讓他自己說出擁有商品利益的最佳時機，同樣的道理，你會省力許多。

「愈早愈好！」——在前面「愈早愈好，還是愈晚愈好？」是一種二擇一式的選擇，而不管他怎麼選，暗示的前提皆為「擁有他所想要的」。

「您所謂愈早愈好的意思是：現在就有能力，做好這個規劃比較好，還是等五年後再說比較好？」——這是一種範圍由大而小的問話方式，由模糊而明確，它給人一種層次感而不突兀，也是一種自然、漸進的問話結構。

「當然是現在。」——時機上的明確化，可以使顧客自己意識到什麼時機是最佳的決定時間，同時亦能強化顧客要的渴望。

「王老闆，現在，讓我們一起來看看到底要怎麼做，才能讓您的保險不只帶來保障，還能幫您賺錢的方法……」——在潛在顧客說出「要」的理由與時機後，才是你的商品簡報或說明的時機，永遠記住，所謂的「時機」指的是：機會在某一個時間點出現，就叫「時機」！無論對你或潛在顧客而言，恰當的購買與銷售成交時機，是銷售人員自己一手營造出來的。

有一個認為自己不需要去修鍊銷售策略的業務員問我：「張總經理，你有要跟我買保險嗎？」也有傳銷商問我：「張總經理，你有用過我們的護膚系列嗎？」「沒有。」我回答。「我推薦你應該要買一系列……」這些銷售人員永遠都不需要有效的策略，因為他們只關心商品賣不賣得出去，事實證明，他們真的不需要策略，因為沒多久，九成以上這類型的銷售人員就漸漸的消聲匿跡了。

本章重點：

1. 真正銷售致富的關鍵：是創造問題，不是提供答案。
2. 銷售致富的第二項關鍵就是：放大你的野心，也就是你設定與達成目標的企圖心。愈旺盛的企圖心，愈能刺激你的野心，沒有野心，也就不會有旺盛的企圖心。
3. 想要讓潛在顧客購買你的解決方案（指商品功能能夠解決困擾顧客的特定問題），你必須先使顧客體認到這個問題，同時，再創造顧客想要解決問題的渴望。
4. 有問題的人，大都不願承認自己的問題。所以，你最好從創造潛在顧客的期望為銷售的起始點。
5. 創造能燃起顧客想要的欲望的問題，比只是提供解決方案更有賣點。

第11章 殘缺的執行力與百分之百的執行力

成功錦囊

表達力：百分之八十的顧客一開始會拒絕的，不是產品，而是你的表達方式。

——威力行銷研習會創辦人張世輝

這一章，要和你談談，存在銷售領域中，兩種不同的執行力所帶來的結果。

自一九九七年創辦威力行銷研習會至今，我常常因為鑽研人類行為科學、人文、腦神經系統與心理學對人類購買行為的影響、傳統銷售流傳至今的智慧，以及如何將系統思考、唯物辯證法、催眠、NLP 神經語言學、效率學等等，舉凡一切能解釋影響人類購買行為的知識，我都抱持著極度的好奇與鑽研的精神，整合出能被證明不但有效、而且快速的銷售策略。

當我訓練各行各業的銷售人員、經理人及領導人時，我告訴他們，真正值得學習的是實際可用的方法，因為銷售的任何知識，貴在實用及有效。

我也歡迎學員們「挑毛病」。看看有哪一些他們所學習到的策略，在實際銷售時是像垃圾一樣沒用的。不過，我也會提醒他們，與其花時間挑這些策略的毛病，不如花同樣的心力去面對顧客倒還有實質上的好處。

然而，經過這麼多年，我還是會發現有些學員運用自如，屢屢破銷售紀錄，坐擁高薪；也有一部分學員卻還是停留在原點，業績與收入平平。這讓我想起一個學員打來的電話。

案例

「張老師嗎？」（不是救國團的心理輔導張老師）

「是，我是。」

「張老師，我是上個禮拜才去受訓的學員，我叫王萍，你還記得我嗎？」

「記得，有什麼事嗎？」

「我要退費！因為你說上了威力行銷研習會如果不滿意，對銷售一點都沒幫助，一週內都可以退費，而且不需要任何理由。」

「是，我是說過，而且報名表上有註明，今天就可以幫你處理退款事宜，謝謝你打電話過來。」

「等等，你該不會要掛電話了吧？你都不問我為什麼要退費嗎？」

「哦！我當初怎麼說，現在就怎麼做，不滿意就退費，沒問題。」

「可是，我還是想告訴你為什麼！」

「OK，請說。」

「是這樣的，我剛從一個顧客家出來，用你的方法還是沒成交，所以我要退費。」

「嗯，我瞭解，你還記得研習會裡實際演練的情形吧！我當那位顧客，你還是你，請重現一次銷售實況。」

「好，我說……」

三十秒後，我喊停。「再給你一次機會，你是怎麼運用輻射型銷售的？再重來一次。」

三十秒後，我又不得不喊停。

「我知道你要談的商品是什麼了，現在，我們角色對換，我做一次給你看。曹小姐，你在二十年後，每個月一定有一筆十到二十萬的退休金可以領，同時還擁有三千萬的終身保障吧！」

「還沒有。」

「沒有，怎麼會沒有呢？沒有的原因是因為從來沒有人告訴你怎麼做，還是你根本就不知道該怎麼做？」

「沒人告訴我，而且我也不知道要怎麼做。」

「你的意思是，當有人告訴你怎麼做，而且在二十年後你可以每個月擁有十至二十萬的退休金，那你也要囉！」

「那當然。」

「所以，曹小姐，你的意思是說，在二十年後，每個月你都可以擁有十至二十萬的退休金，並且是在你的預算內就可以規劃的，你要，還是不要？」

「當然要啦！」

「很好，在我即將告訴你，如何幫助你擁有這筆退休金之前，我想先瞭解一下，你為什麼想要擁有這筆每個月的退休金呢？你想做的第一件事是什麼……」

在我們將整個過程演練過後，這位學員說：「張老師，我不要退費了。」

「為什麼？」

「因為我用錯了，我根本不是完全照著你示範及教的做。」

「你是做錯還是不熟？」

「不熟就會犯錯啊！」

「你沒有錯，你只是不熟練，我問你，這 case 簽還是不簽？」

「當然要簽！」

「請照我教你的做，而且，我要你掛完電話後，立刻再去顧客那兒，重來一遍。」

「不會吧，我才剛離開，而且她剛剛才拒絕我，太快了吧！」

「你不去我就幫不上忙囉，趁著顧客還在，不是明天、更不是隔一段時間再說，是『立刻去』！」

「好吧！」

兩個小時後，這個學員又打了電話來找我。

「張老師，我真不敢相信，我剛從顧客家出來，而且還帶著她開給我的支票……」

案例說明

當大家都在談執行力時，卻忽略了「殘缺」與「完全」是兩種截然不同的執行。

銷售事業的成功建立在四個關鍵上：

一、學習。二、模仿。三、複製。四、創新。

學習是由兩個字構成的，「學」代表吸收知識。「習」代表執行知識，銷售人員百分之八十的績效不彰，是因為未落實已知的銷售知識！只學而不做，等於沒學；學了卻什麼業績都做不到，就稱為「知識障」——指的是什麼都懂，卻什麼業績目標都做不到的銷售人員。

擁有知識不稀奇，如何正確使用知識以創造利潤才是重點！

模仿是一種刻意執行所學知識的過程，它不會是一件輕鬆的事。因為剛開始要執行所學的知識，在腦神經細胞與執行的動作之間尚未建立起連結，而此時又易遭受原有習慣及主觀意識的「干擾」，大部分的銷售知識之所以未被徹底實踐，以致績效不彰，皆源於此階段。所以，我們經常聽到銷售人員說：這個我學過、那個我聽過。當進一步問他：既然學過，你運用它提升了多少的績效與收入？百分之九十八得到的答案都是：還好啦！

任何你所學習到的銷售知識，都必須經過「必要性的重複」，以建立與腦神經系統的連結。當你重複的愈多次，建立的連結就愈強韌。你有沒有「學過」卻用不出來的銷售知識？增加重複的次數與頻率吧！

「必要性的重複」雖然是模仿階段最重要的過程，卻也最容易讓人產生惰性與失去新鮮感，而導致停滯不前。往往在尚未養成成功習慣前，就使人「移情別戀」，轉移到其他吸引目光的標的去了。所以，你常常會聽到這句話：堅持到底的人總會得到他想要的一切。

克服惰性與分散注意力最有效的方法之一，就是下定真正的決心，並且找出最大的誘因，一次設定一個小的目標，完成了，再向前邁進一步，循序漸進的過程較易達成，而不是一蹴可幾！

當你重複的次數與頻率愈多，你就愈容易進到下一個階段，稱為「複製」。你聽過「複製成功」、「複製財富」的說法吧！複製是一種「自動」機制，你第一次學開車的時候，很難隨心所欲，因為你必須注意前方路況、左右照後鏡、方向盤、排擋、油門、煞車、同時還要注意號誌；你不斷執行汽車教練給你的指令，這一切對個新手來說，是完全陌生的。

你不斷的重複這些操控的動作，同時完全模仿教練教給你開車的各部分的行動，直到你考上駕照，上路前，你還帶著既興奮又緊張的心情，深怕出任何差錯；就這樣，一直重複著這個過程，直到不曉得哪一天，你已經不用再特別注意每個動作之間的協調，而能自由自在的到你想去的任何地方，你完全握有自主權，同時亦可享受操控的樂趣。這時，你已自動進入複製階段。

你第一次開口對顧客說話會一直想著要說什麼嗎？這時你的注意力都在「自己」而不是在顧客，你會緊張，背的話術常會漏這丟那，第八十個顧客呢？你很自然的將注意力放在顧客身上了，不是嗎？

重複你所學的銷售知識與策略，重複學習、重複執行，直到你可以不假思索地自然表現，獲取顧客的信心，屢屢創下銷售佳績。

一旦你擁有了獲得顧客青睞的銷售力，這時，再加上你個人的風格與經驗，就成為專屬於你的成功致富的習慣，擁有成功的銷售習慣，要想失敗很難。反過來說，擁有失敗的銷售習慣，想要致富，比登天還難！

學習任何一項新的銷售知識與技術，殘缺的使用它只能得到殘缺的結果。百分之百的執行你所學的，你才能得到百分之百的成果與戰績。在抱怨任何的銷售知識無用前，先看看自己的學習、模仿、複製的能力是否完全的執行了。再有效的銷售策略，也救不了一個天性慵懶的銷售人員！更別提殘缺不堪的執行力了！

本章重點：

1. 銷售事業的成功建立在四個關鍵上：學習、模仿、複製、創新。
2. 學習、模仿、複製這三階段是不可摻雜個人主觀意識與習慣的，因為，這時你正在「養成教育」，「養成」指的是培養成功的習慣。
3. 擁有成功的銷售習慣，要想失敗很難。擁有失敗的銷售習慣，要想成功致富比登天還難！

第12章 表達力就是催眠力

成功錦囊

願景：超級頂尖的業務員與平庸業務員最大的差別，就是思考方式。

——威力行銷研習會創辦人張世輝

這一章要和你談談表達力。

大部分時間，銷售人員在銷售時都說得太多，而表達得太少。當你說得愈多時，顧客就忘得愈多，當然，你失去成交的機會也就愈多。這個道理很簡單，因為顧客被推銷的經驗愈多，他們想聽的就愈少。

很多銷售人員卻不瞭解這一點，所以，他們大概以為全世界只有自己在銷售，要不，就是把自己當個商品解說員，這種情形在每個行業都普遍至極。到底該以顧客導向或產品導向總是爭論不休，但重點是，就算商品介紹完後，還是有近八成的顧客沒買。

你總是成交你開發的顧客群的百分之二十。換句話說，這百分之二十的顧客比較能夠接受或喜歡你的表達方式；你也較容易激發、創造他們的購買欲望，而使他們採取購買行動；又或是同頻率吸引同頻率的人，你成交的顧客群中，總有近百分之二十的人的頻率與你很接近；無論如何，表達的方式會影響表達內容的有效性！

一般人誤以為表達就等於說話，事實上，說話只是表達呈現的一種方式而已，並不能完全的畫上等號；然而，人類透過語言來表達，卻是最原始也持續最久的表現形式，當然，圖像、文字等也是人類表達力呈現的一部分。所以，銷售人員總是攜帶著各式精美的銷售企劃案、說明書、建議書、DM、多媒體簡介等等，意圖強化並佐證銷售人員所要表達的商品訊息。

你的口語溝通形式，經常會左右顧客是否選擇接受或拒絕銷售的依據。而大部分的公司，只「教」你商品解說的內容，鮮少教你如何有效的表達。如果有效的表達是成交的必經之路，而你又想增加數十倍的績效與獎金，唯一的解決之道就是：改變你現有的銷售表達方式。

表達力區分為語言及非語言的呈現。語言指的是你表達的口語內容，占銷售溝通百分之七的重要性；非語言指的是語調、語氣、音頻、語言的結構與表達時的臉部表情、身體的姿勢、呼吸、眼神、甚至包含腦中所想的，綜合成你在顧客面前的整體形象，占銷售溝通百分之九十三的重要性。這也許顛覆了你對銷售的某些認知，然而，成績證明一切。

偉大的業務員，通常也是精於表達的專家，況且，銷售有如表演。表演指的是「表達、演出」，演得好，觀眾喜歡，你就發了，演得不好，觀眾不喜歡，你就慘了！

非語言訊息不易於文字敘述，這就是為什麼我們會「看表演」而非看劇本來達到買賣的娛樂效果的原因。

案例

「你先把資料寄過來，我看看有需要再和你連絡。」

「王老闆，你要我把資料寄到你的公司還是家裡？」

「先寄到公司好了。」

「在我寄任何資料給你之前，我想先請教幾個簡單的問題。您願意接受不符合也不適合您的退休年金規劃嗎？」

「當然不！」

「為什麼呢？」

「退休年金的規劃當然要能符合我所想要的，怎麼可以隨隨便便。」

「王老闆，您現在終於瞭解為什麼要和我見一面的原因了。我們總共有兩個階段來完成這個規劃，因為您工作繁忙。第一次見面，我們會有約二十分鐘，先讓您瞭解做這個規劃對您的必要性及好處，同時，我也會聽聽您的意見與期望。然後，當您覺得這是項穩賺不賠的投資時，我們再來看看您想要的規劃內容及數字。第二階段是在兩天後，我會依照第一次我們訪談的內容與您的期望，將退休年金規劃的書面內容，與您共同討論及說明，一旦您感到既滿意又安心時，我們再一起來完成規劃的程序。所以，您要我這禮拜的哪一天與您碰面？」

「星期二不行，星期三好了。」

「星期三的幾點呢？」

「下午兩點。」

「在您的辦公室嗎？」

「好啊！」

「OK，王老闆，我會在這禮拜三，下午兩點到您的辦公室。」

案例說明

你最不應該做的事，就是將這些案例的策略性運用當話術，告訴你，那是不管用的！

在這個案例裡，你可能認為是一般的電話邀約，雖然邀約是主要目標，然而在策略上卻涵蓋了催眠式銷售的心法。

「你先把資料寄過來，我看看有需要再和你連絡。」

你知道寄資料過去並不是這通電話的主要目標，一旦你真寄了資料過去，石沉大海的命運就會降臨在你身上。此時，這位潛在顧客並未處於一個接受你的狀態，該怎麼做？

「王老闆，你要我把資料寄到你的公司還是家裡？」契合為第一項可以採用的策略，你聽過「因勢利導」這句話吧！語言上的同步與契合，會使潛在顧客失去防禦的平衡，因為你是順著他的語言同步，他不至於推翻掉自己三秒前才講過的話。

同時，你會注意到「你要我」這樣的語言銜接模式，「你」為先行主詞，「要我把……」為受詞，使對方不覺得正在被說服，而是他握有主導權，人們喜歡事情能在自己的掌握範圍內；銷售時務必注意並照顧到顧客「握有掌握權」的感覺。

「在我寄任何資料給你之前，我想先請教幾個簡單的問題。」在你前面已經達成語言上的契合時，就可以嘗試性地探測對方的意願。注意，必須以很有禮貌且柔和的口吻提出要求，你不是為了問「問題」而問，而是在語調與語意上「暗示」對方給你回應，你放心，對方必有回應，而且回應通常都是你要的反應與答案！

「您願意接受不符合也不適合您的退休年金規劃嗎？」這個探測性問題的基礎是建立在：當一個人有不要的，反過來就一定有一個要的；當一個人有一個要的，反過來就有一個不要的。而不管他要或不要的是什麼，誰願意接受不符合也不適合的退休年金規劃呢？別開玩笑了。所以，接下來你會得到一個害怕或擔心損失的人性聲音：「當然不！」如果你在銷售時能預測潛在顧客的反應，你通常也能誘導他們走對他們最有利的路。

「為什麼呢？」我們也許知道答案與跟著這類試探性問題後對方的反應，然而，有時候「聰明就是笨，而笨可能就是聰明」知道或不知道，都得是「不知道」，既然不知道，就要以好奇的語氣問「為什麼」，這是讓他自己講出不要的理由，你要是在這個時候自作聰明，自己給答案或是不對其反應產生好奇，你可以離開銷售這一行了。你一定會發現「顧客有不要的，就一定會有一個要的」原理充斥其中。

「王老闆，您現在終於瞭解為什麼要和我見一面的原因了。」銷售時並不是凡事都要有解答，有時候像這樣四兩撥千斤的策略，比說服或話術來得有效也輕鬆多了。

讓潛在顧客自己說出他要的理由，重點是，你得學會這樣的結構。

「我們總共有兩個階段來完成這個規劃……」這是催眠術當中所使用的「過程提示」，其目的是在讓對方有心理與生理狀態上的準備，而不至於太突兀的直接介紹商品，尤其在顧客還沒準備好的階段。因此，適當且緩和的過程提示，能夠讓顧客「意識到」他即將會聽到什麼、看到什麼，甚至感覺到什麼；你會發現這個階段，顧客通常都較專注於你給的訊息內容，而內容的分量不宜過多、繁雜，必須要事先整理過內容的範圍與順序。你已經暗示他將在兩階段內完成其退休年金的規劃，而且是在他的期望下。

「我們會有約二十分鐘，先讓您瞭解做這個規劃對您的必要性及好處……」到這裡，你要稍作停頓，觀察對方對這個提示的反應，如果他潛意識接受了，他自然會給你肯定的反應，有時候你常會看到他以不自覺的點頭或發出肯定的「嗯」，方能再繼續下一項提示。

「當您覺得這是項穩賺不賠的投資時，我們再來看看您想要的規劃內容及數字。」這是一個連接型的指令，當A出現的時候，B就同步完成。同時，這也是一項順序的安排，猜猜看，當他「覺得這是項穩賺不賠的投資時」，接下來要做什麼？若直接連結到購買行動上，未免操之過急，循序漸進的方式往往讓人比較不易產生抗拒，一次調整一點，不要有大動作嚇跑顧客。因此，連結到「我們再來看看您想要的規劃內容及數字」，這是一個自然的順序，就像「當你一拿起筷子時，你就會開始注意到要先吃哪一道菜」，這叫「自然衍生的順序」，不易引起任何的爭議。銷售上，你應該多練習找出「自然衍生的順序」，它可以運用在任何的銷售階段。

「第二階段是在兩天後，我會依照第一次我們訪談的內容與您的期望，將退休年金規劃的書面內容，與您共同討論及說明。」你要有效分配過程提示的內容，讓它聽起來有相當的邏輯性，在「與您共同討論與說明」使用的是滲透的策略，到底是「共同討論」還是「向您說明」？討論在先，是為了能讓顧客有主導與掌握權，說明在後，是滲透在對方的掌握權內，也就是說，不管討論或是說明，都是在顧客的掌控下，常常在表意識無察覺前，潛意識就已經接收滲透的暗示了。其他的例子像：「我不確定要不要做這樣的規劃？」、「我懂你的意思，在眾多不確定因素當中，唯一可以確定的是『你不會工作一輩子吧』。」

滲透策略通常也都不是大動作，既然是滲透，就要不被察覺，且容易被接受。「一旦您感到既滿意又安心時，我們再一起來完成規劃的程序。」完整的銷售暗示，透過「一旦A出現時，B就會完成」，同樣是「自然衍生的順序」。

本章重點：

1. 百分之八十的顧客一開始會拒絕的，不是產品，也不是價格，而是銷售人員的表達方式。
2. 當你說得愈多時，顧客就忘得愈多，而你失去成交的機會也愈多。
3. 顧客被推銷的經驗愈多，他們想聽的就愈少。
4. 銷售有如表演。
5. 表達力區分為語言及非語言的呈現，語言指的是你表達的口語內容，占銷售溝通百分之七的重要性；非語言指的是語調、語氣、音頻、語言的結構與表達時的臉部表情、身體的姿勢、呼吸、眼神，甚至包括腦中所想的，綜合成你在顧客面前的整體形象，占銷售溝通百分之九十三的重要性。

第 13 章　重新設定你的潛意識

成功錦囊

銷售說明：在解說商品之前，務必先燃起顧客要的欲望。

——威力行銷研習會創辦人張世輝

從小，父母教導我們：錢不好賺，要省著點花！在那個物資缺乏的年代，經濟活動與基礎建設不足，過得安穩、三餐有著落是最起碼的要求。我還記得村子裡大夥兒一塊擠在一台黑白電視機前看少棒的時光，全村只有一家有電視！

「錢不好賺」不知不覺地就從父母、或當時的艱困環境中一點一滴的滲透進入許多人的意識，日子一久，它不著痕跡地影響了人們的行為，而這個行為會顯現在工作與事業的選擇上，同時亦深深影響人們財富的多寡，你現在對錢的看法與態度，不是與孩童時期父母灌輸給你的一樣，否則就是完全不一樣！

看看這些從小耳濡目染的訊息，如何深深地牽動著你所選擇的道路：賺錢很辛苦、行行出狀元、書讀好才能找到一個好工作，人不要太貪心、錢夠用就好了。一個銷售人員平均有一百萬新台幣年收入，連續三年都沒什麼進步，我問她：「為什麼妳不再多增加一點收入？」她告訴我這個答案：「錢夠用就好了！」我問她：「這是誰說的？」她回答：「小時候我父母就是這麼教我的！」明白了吧！

另一個銷售人員非常有戰鬥力，其他人都休息了（因為他們都已經達到Quota），他當然也已經達成目標，卻仍在打電話邀約、開發與持續跟進有潛力的顧客。我問他：「你為什麼不像其他人一樣停下來休息，慶祝一番，在你已經達到Quota之後，你還在持續銷售？」他回答說：「怎麼會想停下來，能多談成一件是一件，能多談成兩件更棒。」我問他：「這是誰告訴你的？」他說：「我父母從小就教我：要當個有錢又成功的人，就必須在別人都認為已經做到、休息的時候，你還願意多做一點，每天都比別人多做一點，一點一滴的累積，最後會使你超越所有人。」

我不是說你的成就高低、財富多寡都來自於你的家庭或父母，而是有許多人，皆不自覺地受到成長環境的影響，不管那是好、還是壞。

我所提倡的各項銷售策略，並不是為了讓人們保持在原來的銷售成績或收入水平，也不只是讓你能夠達到目標就好。「突破」過去與現在的成績與收入，才是你我欣然接受的態度，這也正是這些獨特的策略可以發揮威力的理由！

「設定」是一連串重複暗示的過程，而設定的「結果」，則會表現在各種症狀與現象上。業績平平的銷售人員往往最能感受到，他們的行動與收入常常不成正比，而過於強調「行動力」的業務領導人，則更易導致銷售人員產生「行動麻痺症」。

這種情形就像這樣：領導人愈強調要有行動力，銷售人員在市場上就愈減緩行動，而減緩行動會影響績效，績效不佳的警訊會觸動領導人的神經，領導人為了紓解因績效不彰而產生的壓力，則會更加強調銷售人員的行動力，這時，銷售人員就在一個被重複「設定」的機制裡，他們所出現的症狀則包括：逃避主管的「關懷」、遲到早退、一走到公司大門就有莫名的壓力、挑主管與產品、制度的毛病，或者假裝在忙著準備顧客的資料，卻依然產值低落。

這是怎麼一回事？

在一陣混沌當中，摸黑前進是相當危險的，因為你不知道腳底下踩的是什麼，你即將會遇到的又是什麼？找到基本的原始定義與假設，往往能弄清楚混沌的成因。

譬如：銷售領導人對帶領銷售人員創造績效的定義是什麼？當這個定義是來自於行動力時，就會產生「績效好壞源自於拜訪顧客的數量多寡」，這種連結一旦形成，你就會聽到這樣的說法：「當你拜訪的顧客量愈多，你的成交率就愈多！」

然而，真是這樣嗎？

真實的情況與假設性「大數法則」的定義不一定有對等相關，這當中缺乏了一項最重要的元素，就是「有效性」。

「有效的行動，比只是行動，要重要多了！」所有的行銷人員都不能否定這樣的說法。太多人強調行動力，太少人強調有效的行動，我們重視行動的頻率，也就是拜訪顧客的次數與數量，卻忽略了行動的內涵與架構。

如果我們減少拜訪顧客的次數會怎麼樣？同時，讓銷售人員增加銷售行動的有效性與內涵會有什麼不一樣的結果？增加銷售的有效性、減少拜訪顧客的次數（因為拜訪顧客次數的多寡與成交比率提升毫無關聯），是否才是身為銷售領導人及銷售人員真正值得投入心力的地方？其終極目標為：建立一個能不斷「突破」的策略性銷售優勢，而絕不滿足或貶低現狀。

是什麼決定了銷售人員收入的高低？第一個決定因素，就是你的企圖心（或稱野心）有多大。第二個是：你所使用的策略是否奏效。第三個就是：你的銷售流程是否夠精準。而不管你的專業知識有多棒，有顧客願意付錢給你，以換取你的知識（或產品）為他帶來的好處，一切才算數！

重新設定你的績效與收入目標吧！並去學習可以支援更高目標與利潤的知識，將知識整合或創造突破性收入的來源，你會發現，那將是一個全新的你。原來，你也可以是一個催眠式銷售的高手，擁有一個可以致富的策略與夢想，並去實踐它，不是很棒嗎？

Part 3

讓每個顧客都願意和你完成交易

第14章 成交的步驟

成功錦囊

銷售說明：在解說商品之前，務必先燃起顧客要的欲望。

——威力行銷研習會創辦人張世輝

你知道成交有哪兩個步驟嗎？好多銷售人員與領導人的共同答案都幾乎是：一、簽約。二、收錢。

你的答案是什麼？你可以E-mail給我，告訴我你的想法與實戰經驗，大家一起來研究與討論。歡迎你。以下是我的E-mail：power.sale@msa.hinet.net（或上www.powerselling.com.tw）。

在我的實務經驗與觀察中，成交只有兩個步驟，而且簡單到無以復加的地步：

一、意識上的成交

二、契約上的成交

你有沒有可能在顧客簽約付款時，在意識上卻不認同？不大可能。而意識上的成交速度愈快，契約上成交的速度就愈快；反過來說，意識上的成交速度愈慢，契約上的成交就愈遙遙無期。

什麼叫意識上的成交？

所謂意識上的成交，指的是讓顧客向你說「要」的能力。而你在愈短的時間內讓顧客向你說「要」，成交的比率就愈高。

在銷售這一行，有項亙古不變的真理：「除非成交，否則什麼也沒發生。」這倒是千真萬確。銷售人員透過成交來賺取佣金，公司透過顧客購買來達到生存與競爭的目標，而顧客透過購買來滿足消費目的及欲望，無論其目的是實質上或是感情上的。

沒有成交，等於什麼都沒發生。無論你的產品或服務有多好，總要有懂得銷售的人將其賣到顧客手上，產品才有被利用的價值。然而，我們知道銷售真理是一件事，要怎麼做到才是必須探討的重點。

要讓潛在顧客在最短的時間內達到意識上的成交是一種理想，然而在現實的銷售情境裡，你不得不承認，就是有人能做到，而且，他們還不是偶一為之的好運氣，這些人能夠持續的反覆運用，在銷售行業中脫穎而出，坐擁高薪，當然，他們也相對地付出了各種努力及代價。只不過這群銷售高手分兩派，然而既非少林派，也不是武當派，而是經驗派，還有策略派。

經驗派的主張很實際，他們所憑恃的就是實戰經驗，傲人的成績唯有透過實際行動，不斷的行動；而在不斷的行動中，自然會形成經驗，所以，他們將經驗視為銷售智慧的累積；有時候，部分經驗導向的銷售高手甚至認為，課堂上那些教行銷學或銷售知識的老師，都只是些理論派，光說不練，說得一口好銷售，「你自己下去市場做看看」通常是這部分銷售高手共同的看法與反應。

他們是對的。因為，銷售成績騙不了人，你的商品專業知識再豐富，專業財經證照考得再多，也沒人包你業績一定長紅。銷售工作的本質與行政庶務的工作本質是截然不同的。沒人說也沒人擔保你一天賣命工作十二個小時，就一定會有嚇死人的高績效與收入；你的收入不是來自於工作的時間長短，而在於你的銷售產能與有效性。

策略派的銷售高手也認同並讚揚經驗派的主張，畢竟，經驗是最好的老師。不過，策略派銷售高手卻有另一高見，以使他們在銷售業不僅屹立不搖，同時，還常常被冠上「偉大的業務員」這類稱號，而他們的銷售成績與收入，也常常是經驗派銷售高手的上百倍；這一點雖然很難讓人置信，但成績證明一切。

策略派銷售高手的過人之處往往在於：經驗雖然是最好的老師，但卻是最昂貴的老師！

你非得磨個十年二十年才能攀登銷售高峰嗎？你非得等到失去了百分之八

十的顧客與利潤，才能得到真正的銷售智慧與成交訣竅嗎？你非得等到緣故市場（原本認識的人）做完後才去煩惱開發其他市場族群，獲得新的顧客名單，並找到其他的溝通與銷售機會嗎？

策略派銷售高手往往也是學習領域的高手，這兩派人馬都沒有錯，他們都對，只是他們的認知不同而已。只不過這小小的不同，卻造成了數十倍、甚至百倍的成就差異，應驗了中國古諺：「失之毫釐，差之千里！」

至於如何在面對顧客時於最短的時間內，讓顧客達到意識上的成交？你可以看看以下的案例。

案例

「王先生，在二十年後，每個月你都有五萬到十萬元的退休金，而且是在你的預算內就能規劃的，你要，還是不要？」

「聽起來是很好，可是要花錢就不大好。」

「我瞭解你的意思，王先生，讓我再請教你一次，在二十年後，你每個月都有一筆五萬到十萬的退休金，而且是在你的預算內就能規劃的，你要，還是不要？如果你要，我們來談談如何幫助你規劃並得到它，如果你不要，我會馬上離開，不耽誤你的時間。所以，每個月五萬到十萬的退休金，你要，還是不要？」

「當然好囉！」

案例說明

就商品本身而言，顧客買的，是一個結果。

過去的傳統銷售投入太多時間在商品內容說明上，銷售人員想藉由說明商品內容來促使顧客購買，然而真實的情況是，百分之八十的潛在顧客聽完內容介紹後，仍無法當下採取購買行動。情況會像這個樣子：

A.聽起來還不錯，但是我還要考慮考慮。

B.你還要考慮什麼呢？

這對話是不是很熟悉？我們分幾個部分來談。首先，你不得不承認，就商品本身而言，顧客買的是「結果」。每個產品都有不同或類似的功能與好處，如果這些功能或好處所帶來的「結果」不是顧客要的，那麼介紹再多也無益。而百分之八十的潛在顧客猶豫不決的原因之一，就是不知道做購買決定後的結果是什麼；既然不知道結果是什麼，自然對購買決定產生不安全感，而一個沒有安全感的顧客，只會做出一個銷售人員最不喜歡的決定，你已經知道那是什麼了。

為什麼會有那麼多銷售人員，花那麼多的心力去告訴潛在顧客商品內容與細節，等過了一小時後，再去close？其實顧客也想快點擁有你的商品或服務，只不過，在你「詳盡」的解說完後，他們也不知道該對商品特色一、還是功能三、抑或好處十五做決定。因為，都沒有一個明確的「結果」。因此，你經常會得到一個類似拖延的答案：我考慮考慮、我要問我先生、我要分析比較一下、我要看看預算夠不夠、讓我想個幾天再回覆你（百分之九十的回覆答案都是Ｎｏ）。

其次，你應該會發現，人們的集中注意力時間不太長，所以，你銷售的重點是什麼？結果是什麼？和顧客之間有什麼關係（切身關係）？你能在三十秒內清楚的表達嗎？

最後，你要練習在一句至三句話裡，就能清晰且誠懇地提出「結果」，並且確認這是否就是顧客想要的。我知道這往往顛覆了傳統銷售做法，你可能要自己調適，因為，當你學習改變做法後，你將可以用三個小時，做到過去十個小時、甚至二十小時的業績總和，而我也相信你辦得到！

當「結果」是顧客要的時候，你再介紹商品也不遲；顧客不要這個「結果」，你介紹再多也沒用！牢記。

本章重點：

1. 在銷售這一行，唯一的真理就是「除非成交，否則什麼也沒發生」。
2. 無論是經驗派或策略派的銷售高手，他們的「主張」都是對的。
3. 你的收入不是來自於工作時間長短，而是來自於你的銷售產能與有效性。
4. 策略派銷售高手，往往也是學習領域的高手。
5. 就商品本身而言，顧客買的是「結果」。

第15章　如何應對顧客的拒絕性問題

成功錦囊

想法：平庸的想法，帶來平庸的成績；卓越的想法，帶來卓越的成績。

——威力行銷研習會創辦人張世輝

幾乎每一個銷售人員都不自覺地對「解決問題」著了迷，大概是每個人都想在專業上充當別人的老師吧！即便不懂的東西，我們也喜歡參上一腳，高談闊論。難怪古諺有云：言多必失，多言必敗！只是，記取先人智慧的人少，犯這毛病的銷售人員卻很多。這肇因於：沒有人教銷售人員如何分辨什麼問題是必須回答，而什麼形態的問題是不需回答的！這個道理很簡單，簡單到百分之九十五的銷售人員都不知道該怎麼做，有時候，連經驗豐富的經理人也弄不清楚。

如果我告訴你，潛在顧客提出的問題（指的是延遲購買決定或拒絕購買的理由），只有不到百分之二十是值得探究的，剩下的百分之八十是不用解決的，你可能會難以置信；這或許是個事實，或者是個謊言，真正的重點是：過去傳統的銷售訓練與學校填鴨式教育，造成了這個令我們根深柢固的思考及反應模式。

這個模式有點兒像這樣：

「我要和我太太討論一下，不會那麼快就做決定。」

「你要和太太討論什麼呢？」

「因為我的錢都是由太太在管理，一定要透過她才行。」

「那你想要和太太討論哪些重點才能決定？」

「主要就是要看看划不划算，而且這個年期比較長……」

「十年到十五年還好吧，應該不會太長，而且你看，算出來的投資績效都還大過銀行定存利率，怎麼會不划算呢！其實這真的是非常划算的一張保單，而且也是我們公司賣得最好的一張，這麼多顧客都買了，你還有什麼好擔心的？」

「我還是和太太討論完再說吧！」

「好吧，你需要多久時間呢？」

「一個禮拜吧！」

「要這麼久？過兩天可以嗎？」

「不然就是星期四或星期五吧！」

「好，我星期四再和你確認。」

檢視你自己的思考，看看有沒有這種一個問題一定要想出一個答案的模式而渾然不自覺；這就好像除了上個例子外，另一個常見的銷售實況是這樣：

「我還要考慮一下！」

「你還要考慮什麼呢？」

「我要看看有沒有預算才知道。」

「還好吧，這算起來一天投資不超過一百五十塊錢，不會造成你太大的負擔吧！」

「話是沒錯，但是我也應該去比較看看……」

「其實每家賣得都差不多，再比也是這幾家而已，我已經幫你篩選出最好的了，你放心吧！」

「我還是考慮看看，等我考慮好了再告訴你……」

再來試試看這類問題，你會如何應對：

「如果你們公司倒了或你離職了，那我今天買下去不就完全沒保障嗎？」

或者是：

「我不喜歡把投資和保險混在一起，你們雖說帳目分開，並且按比例來分配投資和保險，可是這畢竟還是投資加保險，保險我不需要了，可不可以只做投資？」

好了，這類型問題在銷售實況中不勝枚舉，你是不是準備了一籮筐的「答案」，好讓顧客能立即做購買決定？

如果我告訴你，丟掉你腦中所想的、忘掉過去你所習慣的「問題——解答」的銷售對應模式，你可能頓時會覺得失去依靠，不知該如何「解決」這些「問題」，你會沒有安全感，因為雖然你早已熟悉各種答案，然而，你也很清楚地知道，有效性不到百分之十，就像前面的例子一樣。

讓我告訴你一個致勝的策略，屢試不爽，有效性超過百分之八十五以上，這個策略就是：問題本身就是答案。很簡單吧！你根本就不用另外去想解決問題的答案是什麼。因為，問題本身就是答案。有點奇怪又想不通嗎？看看這個案例：

「我不需要保險。」

「怎麼說呢？為什麼你不需要？保險是每個人都有需要的……」

「我之前買過很多了，不需要。」

「你有做投資理財的規劃嗎？」

「那我更不需要，我的錢不是放定存，就是投資股票，不需要。」

「………」

這是直接掉進問題，想解決每個問題的模式，有點走到死胡同的感覺是吧！如果不去解決問題，不想問題的答案，取而代之的思考模式為「問題本身就是答案」，那就會變成這樣：

「我不需要保險。」

「還好你不需要，需要我就不來了。」

「為什麼？」

「當你有需要的時候，你就不能投保了，你說對吧！」

「什麼意思？」

「什麼人最需要保險，不是生病就是病故、意外的人，對不對？」

「沒錯。」

「你現在不是好好的嗎？」

「是啊！」

「所以你說的對極了，一旦你有『需要』保險，你已經不能投保了，就算你平常有投資，別忘了，一半的錢與利益所得是要進到政府的口袋的，唯獨你不『需要』的保障，不但能照顧你的家人，而且一毛都不會進政府的口袋。要是你，你會選哪一個對你及家人比較有利？」

「當然選後者！」

「你不想讓政府拿走屬於你和家人的一分一毫，更別談是一半了，是吧！」

「那當然囉！」

「還好你不需要，這表示你目前有『資格』做任何有利於你的保障與理財規劃，現在讓我們來看看該怎麼做，才是對你最有利的……」

案例說明

知道為什麼要這麼說與為什麼不那麼說是一樣重要的事。知道顧客說「不需要」是因為他不喜歡被推銷；知道為什麼不那麼去想解決的答案是因為，你不會陷入無效銷售的泥淖中，畢竟，沒人想在糞坑中興風作浪，不是嗎？

「我不需要保險。」──潛在顧客有這種反應，代表銷售人員之前的介紹說明或是問題問得不對，此章先不談這個部分，留待下章節再與你一起探究。

「還好你不需要，需要我就不來了。」──這是標準的問題本身就是答案的結構，它會造成一個很明顯的模式阻斷，前面幾個章節討論過，這種將問題本身當成答案的結構常使聽者失去了常識、習慣與經驗的舊有依據，往往使他們當下意識不知如何反應，好讓銷售人員有機會去填補接下來的空白。

「為什麼？」──這是被模式阻斷後慣有的反應，不是用口語表現，就是滿臉疑惑，不出聲音，當下的時間彷彿是停滯或不流動的，而引起如此的反應，正是在這階段裡對彼此都有利的情境！為什麼會對彼此都有利？因為，就潛在顧客而言，你讓他從「不需要」轉變成「想知道」，他的內在注意力不再停留在「如何拒絕你」上；而就你而言，你也創造了一個可以鋪陳的銷售施力點，卻不用花太多力氣去準備無效的「答案」。

「當你有需要的時候，你就不能投保了，你說對吧！」——這是一個因果關係的語言模式，它連結了「有需要——不能投保」，並且暗示他「沒有需要——能投保」，這個邏輯你一定要學會，我已經不只一次提醒你，懂策略與不懂這套策略，都將使你的收入相差二十至兩百倍之多，別拿自己的錢途開玩笑，而且，要把顧客當「人」看，而不是「被推銷的對象」。

「什麼意思？」——如果顧客不瞭解前面的連結，就代表你的銷售策略奏效了，因為，當他愈不瞭解的時候，就愈想瞭解。這是抓住顧客注意力的良方。

「什麼人最需要保險，不是生病就是病故、意外的人，對不對？」——此時你必須定義商品或服務內容的屬性或本質，以尋求顧客在商品本質上的認同，以重新建立契合，而商品的本質或屬性的描述，是不會被推翻的；因為你描述的是眾所周知的事實，既是事實，也就沒人能否定這些定義，包括你的顧客，就連有抗拒意識的潛在顧客也不例外！

「沒錯。」——你已經建立起他在商品定義上的認同，契合感也隨之建立。

「你現在不是好好的嗎？」——這句話是相對於上一段定義：「生病、病故、意外」，以與前面的暗示性連結「沒需要——才能投保」相呼應，使其最後能有一種恍然大悟的反應，以利於接受你的銷售說明。

「是啊！」——你剛才描述的：「你現在不是好好的嗎？」也是一項事實，同樣會得到對方肯定的回應。

「所以你說的對極了，一旦你有『需要』保險，你已經不能投保了，就算你平常有投資，別忘了，一半的錢與利益所得是要進到政府的口袋的，唯獨你不『需要』的保障，不但能照顧你的家人，而且一毛都不會進政府的口袋。要是你，你會選哪一個對你及家人比較有利？」——第一句話是在整合顧客與你認同的每一項定義及事實；而括弧裡的內容則屬於嵌入式指令，在提供選擇的基礎上，你還可以加上：要是你，除了保有原來的投資方式外，你會選哪一個對你及家人比較有利？

「當然選後者！」——這是一個顧客和你都想要的「解決方案」，你的顧客現在比較能和你「同一國」了。

「你不想讓政府拿走屬於你和家人的一分一毫，更別談是一半了，是吧！」——適時的重複確認影響顧客意識的關鍵點，將會強化其「要」的動機，這裡強調的是：影響顧客意識的關鍵點，才有必要確認，不是每件事都要這麼做。

「那當然囉！」——確認後得到肯定的反應，你就可以繼續朝著幫助顧客的目標前進。

「還好你不需要，這表示你目前有『資格』做任何有利於你的保障與理財規劃，現在讓我們來看看該怎麼做，才是對你最有利的……」——顧客的防禦性抗拒的理由不用去解決它，在這裡，你會發現，顧客的拒絕理由或防禦性問題本身，就是成交的資源。

本章重點：

1. 不要成為「問題的俘虜」。
2. 你要懂得分辨：什麼問題是必須回答，而什麼形態的問題是不需要回答的。
3. 潛在顧客提出的延遲購買決定或拒絕購買的理由，只有不到百分之二十是值得探究與回應的。剩下的百分之八十是不用解決的。
4. 學習「問題本身就是答案」的邏輯，並且重複練習，直到你能隨時在面對各種銷售情境時，皆可運用自如。
5. 一旦你能靈活運用「問題本身就是答案」的銷售策略時，就不用擔心原來的「一個問題——一個答案」對銷售所造成的無效性。

第16章 誘導潛在客戶的渴望

成功錦囊

知識：百分之八十的績效不彰，是因為未落實已知的銷售知識。

——威力行銷研習會創辦人張世輝

哪些人需要保險？答案是：每個人；哪些人需要投資理財？每個人；哪個家庭的孩子需要學好英文？每個孩子；哪些自認過胖的人需要減重？每個自認過胖的人；哪些女人需要雕塑身材？每個女人；哪些人應該補充各種不足的營養？每個人。

好了，既然是每個人都需要，下一個有趣的問題是：你面對的每一個有需要的潛在顧客都向你購買了嗎？

沒有，不是每一個。不知道你有沒有學過（或聽過）需求分析這個名堂？百分之九十左右我訓練過的銷售人員都學過，不過不是在我的訓練課裡。

需求分析是一個聽起來很基本的銷售知識，多年前我就對它很好奇，原因是：既然銷售人員假設每個人都有需要，為什麼還要再「需求分析」？這意思是：潛在顧客都有需要，為什麼還要再重新找他的需求在哪裡呢？而且，就算你找到了所謂的需求，還是有將近六到八成的潛在顧客沒買，這又怎麼解釋？

傳統的需求分析，主要功能應該界定在：找到對潛在顧客的銷售施力點。而這卻不必這麼大費周章。

案例

「保險我不需要，我已經買很多了。」

「還好你說不需要，你要是有需要，我就不來了。」

「為什麼？」

「你要是有需要的話，沒有一家保險公司敢承保。你真該慶幸自己沒有需要，等到你真正需要，那麻煩可就大了。趁你還有機會說不需要的時候，好好的正視降低自己及家人的風險。畢竟，全世界唯一不希望顧客使用到的產品，就是保險，你說是吧？」

「沒錯，這點我不得不承認。」

「所以，真正的重點是，你絕對不想要花錢買已經買過的，你說是吧？」

「對啊。」

「怎麼會有人同時穿三件內衣呢？」

「好像是。」

「有了一套合適的內衣穿在身上，接下來就要選擇搭配的外衣，無論是外套、褲子、鞋子，都要視不同的場合與心情來搭配，沒錯吧？」

「沒錯！」

「OK，這意思是說，沒理由再花錢買一樣的東西，要買，也要買應該要有而又還沒有的，這才有其實質上的必要性，你贊成吧！」

「你說得對！」

「現在，讓我們一起來看看，你原來應該要有，而又還沒有的是什麼。」

你應該要學會用顧客拒絕的理由來影響顧客下決定的方法。

案例說明

催眠式銷售講究有效性的同時，亦講求其運用手法；手法指的是策略。有些策略乍看下是有點不合邏輯，然而仔細推敲後，才發現它的邏輯既科學，又兼具藝術的表現形式，比較能符合「銷售不僅是講求數字的科學，同時又有人文藝術的內涵」。

當代催眠醫師的鼻祖 Milton H. Erickson 曾說過：「在精神治療與心理治療的領

域，催眠的運用手法應該要超越制式的框架。」他又說：「融入病患個案的世界模組，往往使改變既深沉又久遠。」

他是對的。

一個幼稚園的小朋友和媽媽說，他不要寫功課，他想玩，因為寫功課好無聊。而每次媽媽的反應都是：「沒寫完功課，哪裡都不准去，什麼也不能玩。」你知道，就是父母耍權威那一套。我還記得愛因斯坦曾說過：「因為我反抗權威而使我成為權威。」這一天，媽媽換了個方式，在孩子又提出這項要求的時候，她告訴孩子：「你一定很想去玩，而且玩愈久愈好，對不對？」孩子說對。

「那你知不知道有個辦法可以讓你每天都可以玩好久好久？」

「不知道！」

「當你用越快的速度寫完功課時，你就會剩下越多的時間去玩，你不是很想要玩得久一點嗎？」

那一天，是他寫完功課最快又最好的一次！

顧客的購買行動，來自於購買衝動；而購買衝動，來自於購買欲望；而購買欲望，則來自於潛意識。需求，是停留在表意識的字眼，而表意識，是人類批判因子的來源。

「想要」的欲望一旦被適當的誘發，極易觸動人們採取立即行動。銷售人員常常以為顧客是根據實際需要而做的購買決定，告訴你實話，你從沒聽過有人需要一輛BMW，而是他想要擁有BMW！小孩子是表達欲望的高手，他們總是會得到他們所想要的一切。「媽咪，我想要吃糖糖、我想要去麥當勞、我想要Hello Kitty、我想要……」你什麼時候聽到小孩子說：「我需要吃糖糖？」

想要，是人類與生俱來的欲求，當你問顧客：你「需要」什麼樣的退休金規劃時，得到的答案大都是：我「想要」每個月至少有×××的退休金，最好還有節稅的功能……。

「需求」不必分析，它已經被你假設「每個人都有需要」了，而你是對的。你所要做的，是學習如何有效的刺激、創造顧客的購買欲望，也就是想要的渴望；而購買行動，不過就是「想要的欲望」之下的產物。

如果你不知道如何有效的刺激、創造顧客的購買欲望，但你是「需求」分析的忠誠信徒，你是對的。然而，沒有想要的動機，任何人都無法成為你的顧客。你該不會和自己的收入開玩笑吧！

本章重點：

1. 購買行動來自於購買衝動；而購買衝動來自於購買欲望；而購買欲望則來自於潛意識。
2. 「需求」，停留在人的表意識；「想要」，則屬於潛意識的欲望。
3. 「需求分析」是在找對潛在顧客的銷售施力點，而所謂的銷售施力點，指的是刺激與創造顧客想要的欲望。
4. 百分之八十的顧客一開始會拒絕的，不是產品，也不是價格，而是銷售人員的表達方式！

第17章 形成有效策略的必要條件

成功錦囊

相信：所謂的銷售，是一連串使顧客相信的過程，並促使其採取購買行動。

——威力行銷研習會創辦人張世輝

「我不靠運氣活著，我只靠策略取勝。」——洛克菲勒（一八三九～一九三七，美國商業史上第一個億萬富翁）

「再糟的策略，都比沒有策略好。」——張世輝

我知道有近百分之八十的銷售人員賺著只能糊口的收入，他們情願浪費最寶

貴的時間，在摸索中前進；冒著不斷失去顧客、低產值與僅能糊口收入的風險，也不願意投資學習任何一種可能立即幫助他們脫困的銷售策略；這些人中的大部分，就是靠著運氣，期望有一天能時來運轉、大發利市。

事實上，最常換工作的，也是這一群人，而顧客永遠也不相信一年換三家公司的銷售人員。這些人也許很難體會這個道理——他們總是不認為自己需要有效的策略，直到被顧客封殺為止。

策略並非任何一個銷售人員與生俱來的。

這一章要和你談談形成有效策略的必要條件。

身為銷售人員，你沒有理由不去學習銷售策略。很可惜的是，大部分的企業、業務團隊、人事、教育訓練部門並不教這門最重要的功課。而頂尖的銷售人員、銷售領導人難道就不需要策略了嗎？

你可以說，愈成功的銷售人員，愈需要有效的策略，我很少聽聞有人靠蠻幹就能持續站在銷售巔峰的，一個都沒有！

策略，並非只是成功企業家的專利。你我任何一位想成功致富的銷售人員，皆能透過學習、思考、執行，來驗證策略的強大威力，畢竟，好運不等於策略。

好的策略能使你在銷售時事半功倍，不費太大的力氣即能順利完成交易，它唯一的副作用，就是太容易成交後，許多學習策略的銷售人員就不再鑽研更精進的策略，這使得他們的成績突破與成長一段時間後，就很難再突破，而直到他們察覺不能一直停在原有的成績上，他們才又採取下一步的行動。

好的策略同時要能幫助你減少解決顧客問題（指的是那些拒絕購買的理由與煙霧彈）的時間，而使顧客能煥然一新。好的策略主張的是：要用最短的時間，抓住顧客最大的注意力。

好的策略是否能使你致富？沒錯，所有的成功企業家、Top Sales與銷售領導人都能挺身而出，向你證明這一論點。

好的策略性銷售其發展是永無止境的，你不能學過一套「策略」，運用在銷售上，很有效，然後就認定策略僅止於此。我必須承認，有效的銷售策略，到現在被研究發展出來的，可能還只是滄海之一粟，每隔一段時間，我總是會有令人驚訝的發現，那就像新創的字彙與發現它更深一層的智慧寶庫，永遠也發掘不完！它也許就在某處，發掘它、運用它，那是一條通往致富與成功的高速公路。

所以，在你移動腳步拜訪顧客前，請先動動你的腦；偉大與頂尖的銷售人員靠腦力、思考並運用策略取勝；而平庸的銷售人員則常常只靠「腳」打遍天下！偉大與頂尖都有天壤之別了，更何況是頂尖與平庸呢？

因此，形成有效策略的必要條件應包含：

1. 對顧客的瞭解與對人的興趣。
2. 對產品與市場競爭態勢的研究。
3. 對語言的精準掌控與使用。
4. 對藉由銷售，來幫助顧客得其所欲的決心。
5. 小而專注的有效行動。

6. 將負面意念（訊息）轉換成正面的力量。
7. 購買誘因的鋪陳與論證基礎。

案例

這是一個不懂策略的銷售人員的銷售案例：

「你說明的很清楚，這樣吧，我是有興趣，你給我幾天的時間，我再仔細的研究這裡面的內容，特別是在你剛剛解釋的數字上，等我算好了，我再通知你。」

「我剛剛解說的內容，你有什麼不清楚的地方嗎？」

「沒有不清楚，都很清楚。」

「那你還要考慮什麼呢？既然你都很清楚了。」

「我沒辦法那麼快做決定，讓我算仔細一點再說吧。」

過了三天，在電話中——

「你算的怎麼樣，可以了嗎？」

「哦，我這幾天沒時間算，等下禮拜吧！」

又過了一個禮拜——「嗨，你算好了吧！是不是很不錯？」

「不好意思，最近實在是比較忙，還沒有空去看……」

案例說明

「你說明的很清楚，這樣吧，我是有興趣，你給我幾天的時間，我再仔細的研究這裡面的內容，特別是在你剛剛解釋的數字上，等我算好了，我再通知你。」——很顯然的，提供說明的銷售人員並未打到痛處、搔到癢處，這表示他的說明對顧客而言，是「不痛不癢」；所以，顧客很自然地採取拖延戰術，他並不想那麼快就採取購買行動。

「我剛剛解說的內容，你有什麼不清楚的地方嗎？」——銷售人員此時已失控，一旦他掉入由拖延所造成的陷阱，銷售人員就失去了對整個銷售情境的掌控性。同時，銷售人員這麼做等於是邀請顧客一起來加入挑錯的行列，看看他的銷售說明哪裡出了問題。

「沒有不清楚，都很清楚。」——當顧客不想做購買決定時，銷售人員愈催促，得到的反效果也愈大；你可以明顯地感受到顧客態度上的轉變，他不想再繼續談下去。

「那你還要考慮什麼呢？既然你都很清楚了。」——窮追猛打在這兒一點都不管用。

「我沒辦法那麼快做決定，讓我算仔細一點再說吧。」——這是顧客逃離現場的常見策略之一，以閃躲「做決定」的壓力。接下來的，只有更多的閃躲、沒完沒了的閃躲，只要這位銷售人員持續「行動」，顧客就持續「閃躲」。很有趣吧！然後你會發現，過去銷售所主張的（包括現在依然如此）要有行動力、行動力最重要好像不怎麼管用。原因是：不奏效的行動就是沒用，跟次數無關；有效的行動才是成功的關鍵。

本章重點：

1. 銷售靠的是策略，而非運氣。
2. 身為銷售人員，你沒有理由不去學習銷售策略。事實上，愈成功的銷售人員，愈依賴有效的策略。
3. 好的策略能使你銷售時事半功倍，不費太大的力氣即能順利完成交易。好的策略同時要能幫助你減少解決顧客問題（指的是那些拒絕購買的理由與煙霧彈）的時間。
4. 好的策略主張的是：要用最短的時間，抓住顧客最大的注意力。好的策略能使你致富，其發展是永無止境的。
5. 偉大與頂尖的銷售人員靠腦力、思考並運用策略取勝；而平庸的銷售人員往往是靠「腳」走遍天下。

第18章 升級你的問話結構

成功錦囊

人性：成功的銷售來自百分之二的產品專業知識，以及百分之九十八對人性的瞭解。

——喬·甘道夫

常聽到銷售人員這麼開場問潛在顧客，不管認識或是剛開發的，基本的問話像這樣：

「你買過保險沒有？」

「買過了。」

「那你買哪一家？」

「……我有好幾家的保單了。」

「你都有哪些保障內容呢？」

「我買很多了，不需要，謝謝。」

另一種版本會像這樣：

「你有沒有聽過投資型保險？」

「有啊，最近常聽到。」

「真的啊，那表示你平常還滿注意這方面資訊的囉！」

「還好啦！」

「那你有沒有做這方面的規劃呢？」

「還沒有。」

「其實投資型保單真的很不錯，你要不要聽聽看？」

「一聽就要花錢，還是不要好了。」

傾聽顧客的聲音是很重要的銷售依據，仔細聆聽，你才能得到正確的訊息，並且，傾聽對於蒐集顧客情報、尋找銷售施力點、建立信任感等特別重要。沒有人能夠否認「傾聽」在銷售上所占有的地位，它不會因為電子媒體、網際網路、電子商務興起而失去光環，當電子商務愈興盛時，人們反而愈渴望有人能夠傾聽他們的需求與問題，甚或是過去消費的不滿，也或許是他們之前使用商品或服務的體驗，你可以說，人是群居的動物這句話一點也不假。

沒有任何一種消費媒介能真正去除人們心中最原始的渴望，因為，人們渴望被注意、被瞭解、被關懷、被尊重，而這一切，都必須來自於有另一群人「想要」聽你說話；瞭解他們的心意、分享他們的經驗、分擔他們的憂慮，或者，給予他們做決定時的信心。

當管理學上說，人們做決策時，需要蒐集正確的資訊，擁有正確的資訊，方能做正確的決策。而有時擁有正確的資訊還不夠，他們還要交叉比對同類型，不同來源的資訊，以找出「最佳解決方案」。好玩的是，真正的決定，往往都不一定是當初那個「最佳解決方案」，因為有其他不可掌控的政治或人為因素「干擾」了交叉比對的最佳結論，使得許多決策成為七折八扣下的產物。

與其說蒐集資訊（或交叉比對資訊以找出最佳解決方案）是做決策時的依據，不如說是缺乏做決策時的信心倒還較接近實況。說人們蒐集資訊以作為決策時的依據，是將人們的決策過程「物化」，那是管理學興盛的產物；說人們蒐集資訊是因為缺乏做決策時的信心，則是讓人回歸到本位，也就是「把人當人看」。

既然我們主張「把人當人看」，傾聽是最重要的銷售策略之一，那麼，顧客要的究竟是做購買決定時的事實依據，還是這些依據能為他們帶來的信任與安全感？

沒有人問過你這個問題，那是因為沒有任何一個銷售大師有空去鑽研，他們都太忙了，而你的公司、團隊、主管們又急著要業績、訂定責任額，而你又急著達到這次業務競賽獎勵西班牙之旅的資格，所以，你們忙你們的，公司忙著舉辦激勵活動、高階主管忙著到各營業處加油打氣、一會兒送贈品、一會兒發獎金，好不熱鬧！

而我則在想，為什麼你們的銷售成績不能比原來達成的更高上二十倍呢？結論是：怪人做怪事，想出一堆怪的策略，等著你學習、運用這些怪方法，創造十至二十倍於你原來能達成的銷售怪成績，你說怪不怪？想想看，你的業績與收入是同業平均水準的十至二十倍以上，怎麼不怪！

你可以說，人們做決策時所依據的，是蒐集有利的事實與條件，而為什麼要這麼做？那是因為除了決定前被激發的渴望之外，人們還必須有做決定的理由，有了事實與資訊，將會帶給人們做決策時的信心，而傾聽顧客的聲音為最能達此目標的做法。

銷售人員應該要能使潛在顧客自己說出欲購買的理由，或至少要能找到顧客必須購買的理由。

只是，傾聽顧客的聲音並非像字面上那麼容易，否則怎麼會有那麼多績效不彰的銷售人員。你要聽到的，是潛在顧客欲購買的聲音，而不是拒絕你的理由；

因此，**傾聽顧客的聲音之第一步，就是要學會問對問題**！

而所謂「問對問題」，在這裡指的是：一能預測顧客反應，二能迅速又直接使其採取購買行動。要達到這兩個目標，你得先檢視自己原先設計的銷售對話是否滿足這兩項功能，缺一不可！當然，你也可以看看本章一開始的兩個案例，你會發現，沒有一例能同時符合這兩項條件。

接下來，讓我們一起來探究能夠符合這兩項功能的案例，你必須要夠專注，並且，注意它的因果關係的連貫性，而不是將每個問題拆開來看。

在這裡，你要學的是：從結構來設計銷售對話，既要能預測顧客的反應，又要能直接且迅速地完成交易。將本章前兩例改成這樣，看看會有什麼變化。

案例

「你之前投保過吧？」

「當然有。」

「你投保的時候要不要繳保費？」

「這還用問，當然是要繳保費。」

「你繳的保費一定能為你及家人帶來某些特定的保障，一直到現在，對不對？」

「對啊，一點都沒錯。」

「很好，保險公司收了你的保費後，做了幾項處理，其中最主要的有兩項！一是一部分留作你的保障準備金，另一部分則是轉投資，而投資是要賺錢的；你在繳保費的這段期間，除了維持原有的保障項目與功能外，你有沒有收過保險公司給你的投資分紅？」

「好像沒有，也沒聽過。」

「可以有，你要不要有？」

「當然要，可是我原來已經有買儲蓄險，而且我也投資股票，還不錯。」

「你會不會嫌錢賺太多？」

「不會啊，怎麼會有人嫌錢賺太多，又不是腦袋壞掉。」

「所以，你可以有額外的分紅，你要，還是不要？」

「要啊！」

「OK，這可以透過兩個部分來完成：第一個，是透過投資加保障的組合，這叫投資型保險。第二個，就是保障加保險公司投資分紅，這叫分紅型保險；你想選哪一個？」

「這兩個有什麼差別？」

「一個是可以讓你自行選擇投資標的，而且轉換手續費很低；另一個則是由保險公司的投資團隊代為操作。你想選哪一個？」

「那我選擇第一種好了。」

「為什麼呢？」

「因為我平常就有投資股市、基金，自己握有掌控權我比較有安全感。」

「我瞭解了，讓我們來看看該如何來完成這個投資加保障的規劃……」

案例說明

「你之前投保過吧？」——這年頭沒投保的人倒還真沒幾個；在策略的運用上，還是以「假設潛在顧客已擁有商品的主要利益」為出發點；沒投保的人大部分不願意承認，因為擔心會被推銷，自我保護的心理狀態下，通常答案都是肯定的；而已經投過的人在面對這個問題時，大部分也都一致性的說「有」，而這些人的目的，其中不乏「想讓你知難而退」，他們心裡或許會這麼想，「我都已經投保過了，你也沒什麼可以再說的吧！」因此，這是屬於一個可預測顧客反應的問題，既能預測對方的反應為何，你就可以繼續延伸你的問題。然而，第二個問題並非是「另一個問題」，因為既有投保，為了維持原有的保障，就一定要「繳保費」。因此，第二個「自然衍生的問題」就是：

「你投保的時候要不要繳保費？」——猜猜看，你會得到什麼答案？這種屬於因果關係的問話結構，通常只要有個好的開始，不但不愁不知道下一個問題要問什麼，該說些什麼才恰當，而且，還能循序漸進的自然完成交易，賓主盡歡！

在你得到肯定的反應後，就可以定義一下「繳保費的功能與實質意義」，而這一點都不難。

「你繳的保費一定能為你及家人帶來某些特定的保障，一直到現在，對不對？」——到這裡，你會發現每個問題不但能預測潛在顧客的反應，而且，都是你「要」的反應；同時你應該還會發覺，每個問題皆源自於上一個問題，沒有一項是單獨存在的。

既然已經定義好繳保費的功能與意義，下一步，就自然想到「保費繳到哪去了，它們是以什麼樣的形式被運用著」，這就衍生了下一個問題：

「很好，保險公司收了你的保費後，做了幾項處理，其中最主要的有兩項！一是一部分留作你的保障準備金，另一部分則是轉投資，而投資是要賺錢的；你在繳保費的這段期間，除了維持原有的保障項目與功能外，你有沒有收過保險公司給你的投資分紅？」——潛在顧客很少會想到他繳的保費是以什麼樣的形態被運用或儲存，因此，藉由告知此項訊息，較易引起一定程度的信任感；至於有沒有收過投資分紅？

你敢這麼問，就代表你可能事先的實情調查做得還不錯，找到真正的銷售施力點。因此，你亦可預測潛在顧客的口語回應，肯定是：「沒收過！」

「可以有，你要不要有？」——一般人總是會選擇對自己較有利的一邊，誰也不願意吃虧。有分紅，你會不要嗎？很難說個「不」吧！

「當然要，可是我原來已經有買儲蓄險，而且我也投資股票，還不錯。」——部分的銷售人員遇到這情形時，通常都會急著解釋：「儲蓄險與股票和我們的投資理財規劃是不同的……」當你這麼做時，你就失去了對潛在顧客的影響力，換成是你被他給影響了，上一章談過，不要掉進一個問題一定要有一個答案的模式裡，我已經告訴過你理由了，此處不多贅述。

「當然要」，是你可以預測的反應；「可是我原來已經有買儲蓄險，而且我也投資股票，還不錯。」這也是你在實情調查時，就已經蒐集到的資訊，你自然可預期他遲早會拿來當擋箭牌，所以，不需要像前述的回應方式，掉到防禦性的問題裡去處理。只是，你得帶領對方「離開」這個擋箭牌，這個思考的邏輯是：不論是儲蓄險或投資股票，不都是在告訴你「我愛錢」嗎？所以，你就得出一項他無法擋你的事實，那就是：

「你會不會嫌錢賺太多？」——這個問題很好玩吧！你會嫌錢賺得太多嗎？只要是合法的，沒有人會拒絕多金多銀、多鈔票。所以，得到的反應就會像這樣：

「不會啊，怎麼會有人嫌錢賺太多，又不是腦袋壞掉。」這代表連續性的肯定反應，然而，在你尚未得到對方「要」的肯定及反應之前，你還是必須回到這個「意識上成交」的主題上：

「所以，你可以有額外的分紅，你要，還是不要？」——這問題已經問過一次，怎麼又來一遍？原因是他之前是帶著疑慮與防禦說「要」，因此，重新再確認一次，你通常會得到一個較乾淨的 Yes，不帶雜質的。

「要啊！」——當然，你如果面對的是比較衝動型的潛在顧客，你就會聽到他說：「你可不可以直接講內容」？這又另當別論，不在此章範圍。現在你幾乎已經達成意識上的成交了，下一步，你可以將他所要的屬性界定清楚，這是你的商品專業知識發揮作用的時刻。

「OK，這可以透過兩個部分來完成：第一個，是透過投資加保障的組合，這叫投資型保險。第二個，就是保障加保險公司投資分紅，這叫分紅型保險；你想選哪一個？」——一旦你界定商品屬性時，潛在顧客通常會有兩種反應，一種是「我知道，我有聽過」，另一種是「那是什麼」。

「這兩個有什麼差別？」——他屬於後者。這時，你就得解釋清楚他想知道的屬性不同之處，然而要保持簡單。

「一個是可以讓你自行選擇投資標的，而且轉換手續費很低；另一個則是由保險公司的投資團隊代為操作。你想選哪一個？」——界定商品屬性時，除了把握「簡單」、「易懂」的原則，同時，亦能以「引喻」作為闡述屬性的方法。

前面既已告知有兩種方式可助顧客達到理財的標的，在解釋兩種標的各自的屬性時，你就已經引導顧客做選擇了，當然，這個選擇是一種「Win-Win」雙贏式的情境，不論他選哪一個，都對他有好處；並且，你會發現，顧客似乎握有決定與否的主導權，而銷售人員則擁有引導權，而「因勢利導」不但在兵法上適用，銷售情境則為更適合不過的實踐場。

「那我選擇第一種好了。」——我們常常發現，在銷售上，做決定時，顧客承受的壓力較大，而做選擇的壓力較小，而人們往往傾向於選擇對自己有利的一方，如果兩項選擇都有一樣的好處，人們往往會擇其熟悉者。所以，當你對顧客的選擇好奇時，你可以問：

「為什麼呢？」——當你問一個人這樣的問題時，就是在探詢他的動機，也就是：找出促使他這麼想、這麼做的理由。而當一個顧客愈說「要」的理由時，就愈強化其「要」的欲望；這也就是為什麼不能在顧客說諸如：「我再考慮」時，問他「要考慮什麼？」的原因，因為，當一個顧客愈說「不要」的理由時，就愈強化其「不要」的欲望。

「因為我平常就有投資股市、基金，自己握有掌控權我比較有安全感。」——這就是他為什麼如此選擇的理由，而這個理由來自於幾個面向：第一個是經驗，他平常就有投資的經驗，而他早已「習慣」了這個經驗，因為習慣，就容易帶來相對性的「安全感」，所以，他的決策模式為「經驗＋安全感」，至於掌控權，則更是使他有安全感的基石，因此，要取得這類型顧客的信任，不是光靠泡茶、聊天、建立關係而已，你得從他的過去與現在經驗著手，而用他熟悉、習慣的經驗模式，誘發他內在的安全感。

「我瞭解了，讓我們來看看該如何來完成這個投資加保障的規劃……」——在確定能預測顧客反應的問題中，你能擁有更多可掌控的銷售因素，也才能迅速又直接使其採取購買行動。

本章重點：

1. 傾聽顧客的聲音是很重要的銷售依據，傾聽對於蒐集顧客情報、尋找銷售施力點、建立信任感等特別重要。
2. 當電子商務愈興盛時，人們反而愈渴望有人能夠傾聽他們真正的需求與問題，甚或是過去消費的不滿，以及之前使用商品或服務的體驗。
3. 人們做決策時，需要蒐集正確的資訊，擁有正確的資訊，方能做正確的決策。而人們真正缺乏的，並非資訊不足，而是做決策時的信心。
4. 銷售人員應該要能使潛在顧客自己說出欲購買的理由，或者，至少要能找到顧客必須購買的理由。
5. 傾聽顧客聲音的第一步，就是要學會問對問題。而所謂「問對問題」，在這裡指的是：一能預測客戶的反應，二能迅速又直接使其採取購買行動。

第19章 重新盤點自己的掌控因素，找出銷售突破點

成功錦囊

表演：銷售有如表演，愈精彩愈有票房。

——威力行銷研習會創辦人張世輝

這一章要和你談談，當你失去銷售掌控權時，該如何逆轉頹勢？

你對這樣的感覺一定不陌生，眼見你經過五次的拜訪、說明、解答疑慮後，顧客依舊不為所動，而你又急著想達到這次紐西蘭之旅的競賽目標，其他可以簽的case都已經簽了，你實在想不出，還有哪些「漏網之魚」，偏偏距離業績截止還剩不到兩天，你是表現得很冷靜，然而，顧客依舊察覺到你隱隱的不安與急

躁，你剛開始的優雅與專業形象早已被各種不確定因素給取代，「怎麼就是簽不下來呢？」你這麼想。

「你還有哪些不清楚的地方嗎？」你捺著性子，探測性地想知道，到底顧客在猶豫什麼，每一次，他都好像有不同的理由，而你也漂亮的一一擊破，你甚至可以登上「銷售答客問的武林盟主」之位，實至名歸。無奈事與願違，你就是不知道，是什麼阻礙了顧客的決定。而你大可放掉這個顧客，再去找下一個目標，但你卻不甘心也放不下，因為，這是一個大 case，是同業眼中的大肥羊，豈能落入他人之手。

這感覺與經驗不陌生吧！你可別告訴我，你的銷售準確度幾近完美，到你手上的 case 還沒有簽不成的，你更從來未失控過，果真如此，喬・甘道夫（年銷售額超過十億美金的壽險業務員）肯定只是個運氣不錯的傢伙罷了。他曾這麼形容自己的銷售：「所謂頂尖的業務，是指成交與不成交的 case 各佔一半的業務員。如果我每一年都可以做到十億美金的生意，同樣地，那一年我也失去了十億美金的生意，只是你們沒看到而已。」

銷售時，可掌控因素愈多，成交機率愈高。而可掌控因素至少要包含以下關鍵：

一、對產品（或服務）的可掌控性。
二、對顧客的可掌控性。
三、對同業的可掌控性。
四、對策略運用的可掌控性。
五、對自我的可掌控性。

現在，讓我們一起來探究這五項關鍵因素：

一、對產品（或服務）的可掌控性：不可諱言，當你對所銷售的產品懂得愈多，你就愈能找出它對顧客的實質利益與好處。當你愈能找出產品對顧客的實質好處時，你在銷售說明時就愈有信心。但別誤以為自己只是因為喜歡公司的產品，就真能找出對顧客的好處有哪些！

喬．甘道夫每天都用一小時研究他的產品，連續三十四年從未間斷，你呢？沒有人說成功是不需要付出代價的！而如果你擔心要為成功付出的代價太大，大可不必擔憂，因為，要為成功所付出的代價，絕對不會大過為失敗所損失的一切！所以，你每天是否也撥出一些時間來研究你的產品，好讓你成為這一領域的專家？

二、對顧客的可掌控性：這裡面包含你對顧客的購買意願、購買能力、購買急迫性的瞭解，同時，顧客本身的決策模式亦深深地影響著他決定購買與否的關鍵，你要能快速又精準的找到對顧客的銷售施力點，才不至於虛耗掉顧客的時間、注意力與信任感。

你對顧客財務運用瞭解的真實性，將會左右成交的時機與有效性；另外，在財務結構上，你愈清楚他擔心什麼、關心什麼，你就愈能迅速且準確地設計適合顧客的產品與服務。而尋求顧客家人、同儕的支持，則是大部分銷售人員忽略的一項重點，如果你忽略了這一點，則常常會遇到半路殺出來的程咬金，阻礙你和顧客的關係進展，破壞你之前鋪過的路，甚至顧客對你的信任感。

千萬別以為專業知識只限定在商品上，對「人」的專業才是你的制勝關鍵。想想看，有多少不成交的 case 是因為產品專業不足，還是你對「人」的專業不足所造成的損失？擁有商品專業只是基本配備，擁有對人的專業將使你成為頂尖中的頂尖！

三、對同業的可掌控性：你是否對自家產品如數家珍，對競爭對手的商品卻毫不關心，也一無所知？還有些銷售人員不僅一無所知，甚至「無知」到在顧客面前將對手的產品、公司、銷售人員批評得一文不值。這真是一個很可悲的現象，同時又普遍存在於銷售同業間。

對同業的瞭解其實質意義不應只是能回答顧客對產品選擇的疑慮，最主要的，應是如何向同業借鏡、學習，找出同業最吸引顧客的是什麼？有哪些顧客覺得不欣賞的地方？並思考超越的方法。不論是商品、銷售的手法、定價、促銷……沒有一項不是你可以深入探究的，你必須比顧客更瞭解顧客。同理可證，你必須比競爭對手更瞭解他們自己。兵法有云：知己知彼，百戰不怠也！真理不但不隨著時代變遷而褪色，反益顯其智慧與真知灼見。

四、對策略運用的可掌控性：策略運用的靈活度往往來自幾個面向，諸如：生活體驗、工作經驗、專業刊物閱讀的量與質、思考邏輯、辯證能力、人際互動能力等等。當然，以上各面向的經驗愈豐富，舉一反三的靈活性就愈強。同時，策略運用的基礎則受心理學、社會學、消費與銷售心理學、催眠學、語言學及意識形態和神經系統的影響甚鉅；策略也和系統思考的關係密不可分，任何單一面向的偏頗都不足以構成策略的完整性，這也是為什麼在銷售與領導業務團隊的經理人必須學習的課題；策略應以多樣化、有效性、簡單且易於運用為前提。

迄今，我尚未遇到過能綜合以上各項學說，並結合歸納出實際可運用在銷售與領導實務的銷售領導人及銷售人員。要想在二十一世紀銷售市場脫穎而出、殺出重圍，你最好要能有系統地同中求異，別老是用舊方法。

學習與整合能力在未來將會凌駕執行力，你愈早體會這一點，你就愈能創造前所未有的成功與財富。你或許會好奇，為什麼我會提出「學習與整合能力在未來將會凌駕執行力」的說法？綜觀銷售市場，有多少銷售人員、銷售領導人每天都在力倡執行力，行動是很重要，銷售人員每天的學習也很重要。然而，執行所學的有效性卻不及格，看看執行績效你就會有答案了。

所以，關鍵不在執行，而在你的持續學習能力加上整合知識與行動的能力，擁有執行力不稀奇，那是銷售人員的基本配備，沒啥好談的。真正重要的是：執行得奏不奏效。擁有知識也不稀奇，如何將知識轉換成利潤的來源才是重點！

五、對自我的可掌控性：這一點在眾多掌控因素中最不起眼，然而卻是最能影響銷售人員成功與否的主要因子。百分之八十的績效不彰，是因為未落實已知的銷售知識，這句話正是對自我失去掌控性的最佳詮釋。

你的銷售有規律性嗎？還是業績與收入起伏不定？你是否有「三分鐘熱度」症候群？你是否一味地採取行動而從未真正探究如何使行動的內涵更有效？你是否已滿足於過去及現在的收入而誤將停滯當突破？你是否常常對銷售顧問與教練說：「我做到這樣的成績就夠了，不需要再去學些什麼策略與流程！」以上種種，如果有任何其中一項好像在說你的情形，即表示你已失去對自我的掌控性。

年收入八百五十萬的銷售領導人對自己說：「我已經忙到沒時間，也沒有辦法去學習，我們自己的專業課程都上不完了……」這就是失去自我掌控性。當他接受顧問或教練的問題：「你如何讓成績再成長一倍，而用更少的時間？」找到有效的策略學習、整合、運用，在一年內創造一千五百萬的收入則是找到自我的可掌控性。你是否要重新建立對自我的可掌控性，以取代現在已滿足於現況的你呢？

以上，對產品、顧客、同業、策略運用、自我等各項銷售的因素，可從一至十分為評估標準，你可以將每項因素列出來，每一項皆以五分為評估起始點，誠實地面對自己，為自己打上各項分數，得分數偏低的項目往往就是影響你銷售成績的主要弱勢。你所要做的，就是從現在起，將較弱的項目列為你學習與操練的功課，你準備的愈充分，銷售掌控性就愈高！

自我銷售可掌控因素評估（一～十分）：

我對產品（或服務）的可掌控性（　）分

我對顧客的可掌控性（　）分

我對同業的可掌控性（　）分

我對策略運用的可掌控性（　）分

我對自我的可掌控性（　）分

案例

「我知道這份退休帳戶對我很重要，不過，我可能還沒有這筆預算做規劃，還是等過一段時間再說吧！」

「我瞭解你的意思。王先生，你知道嗎？真正有預算問題的人不多；而大部分有問題的，都是不知如何有效分配預算，以投資獲利的人比較多，你說是吧！」

「好像是這樣。」

「所以，你可以告訴我，之前你並沒有在預算上做有效的分配，以投資獲利或累積財富，而不是完全沒有預算，是吧？」

「沒錯，是這樣。」

「既然是這樣，那麼我們真正要做的第一件事，就是先看看你的收支情況，再從中找到可動用的預算，最後，不就可以輕鬆地完成這份專屬於你的退休金規劃了。」

「我以前都沒想到這一點，因為預算有限，每回有人想跟我談，我都告訴他們，我有預算上的考量；而他們只是不斷地叫我買，卻不是像你一樣提出不同論點，這回，我想我該好好聽聽你所說的，做好這方面的規劃。」

案例說明

「我知道這份退休帳戶對我很重要，不過，我可能還沒有這筆預算做規劃，還是等過一段時間再說吧！」——有將近百分之八十的顧客，即便你已經事前做好需求分析，在前面的章節談過，他們還是做了不購買決定，可能有太多內、外在環境與問題，直接或間接地影響了他們當下的意願；而這時候的你，務必要能沉著且捺住性子，思考你所學習的各項策略，有哪些是可以使顧客自己都無法拒絕的誘因與施力點。

當潛在顧客說沒有預算時，心中有可能正盤算著向另一位銷售人員購買，而最糟的情形是，你根本毫無頭緒。有時候或許是真的有預算上的考量，購買能力不足這項阻礙銷售前進的絆腳石如果是真的，同時，它又在你分析完各項需求、幫顧客做過所謂「財務評估」後，緊接著在促成前發生，你可以確定兩件事：第一件，之前他給你的各項數字有可能不正確，而不正確的原因有很多，一是他自己也搞不清楚，二是他壓根兒不相信你；第二件，是你的銷售流程不夠精準，在開發時沒經過篩選。

「我瞭解你的意思。王先生，你知道嗎？真正有預算問題的人不多；而大部分有問題的，都是不知如何有效分配預算，以投資獲利的人比較多，你說是吧！」——說實話，有時去探討顧客不買的原因，對銷售並無真正的幫助，因為，愈說不要的理由，就愈強化不要的欲望！在這裡，你可以使用「重新架構」來賦予對不可掌控性理由新的意義，使其產生新的定義，而新的定義則必須是顧客無從辯駁，同時，你又能重新找回銷售的可掌控性。所以「沒預算」可以被重新定義為「不知如何有效分配預算以投資獲利」，而一旦在新的意義上獲得顧客的認同，你就握有新的施力點，而不必在原來的障礙上打轉，可以繼續前進。

「好像是這樣。」——你讓顧客沒有可辯駁的空間，他雖然不一定完全認同，但也不得不認同，所以，通常這時顧客的反應都較為「不自然」。然而，一次一小步，重新建立契合，每一小步整合起來，就會是成功的一大步！

「所以，你可以告訴我，之前你並沒有在預算上做有效的分配，以投資獲利或累積財富，而不是完全沒有預算，是吧？」——這是你向前邁進的第二步，以取得更進一步的認同，而這時顧客的反應就會較之前放鬆且自然些。當你讓他在心理狀態上較放鬆時，你自然而然能影響他，而使其較易接受銷售暗示。

「沒錯，是這樣。」——現在你得到的回應是不是肯定多了。

「既然是這樣，那麼我們真正要做的第一件事，就是先看看你的收支情況，再從中找到可動用的預算，最後，不就可以輕鬆地完成這份專屬於你的退休金規劃了。」——踏著顧客的認同前進準沒錯；前面的重新架構所得到顧客的認同後，就可以慢慢的擴大認同感。而在這裡的認同基礎為「不知如何有效分配預算以投資獲利的人多」，要擴大這個重新架構的定義則為「先看看收支情況、再來找到可動用的預算」，有了預算，你就自然可以投資在自己的退休金帳戶，這屬於一個直接型指令，因為他將該怎麼做的步驟與程序以直接的方式鋪陳，只適用在當顧客不知道該怎麼做，才對他的投資最有利時使用。

「我以前都沒想到這一點，因為預算有限，每回有人想跟我談，我都告訴他們，我有預算上的考量；而他們只是不斷地叫我買，卻不是像你一樣提出不同的論點，這回，我想我該好好聽聽你所說的，做好這方面的規劃。」——當顧客在思考你的問題或內容時，你就對他產生了影響力，反之亦然；產品本身不會說話，會說話的是人；產品本身沒有策略，有策略的是人，而你，最好就是那個懂得銷售策略的人。

本章重點：

一、銷售時，可掌控因素愈高，成交率愈高。而可掌控因素包含了：

1. 對產品（或服務）的可掌控性。
2. 我對顧客的可掌控性。

3.我對同業的可掌控性。

4.我對策略運用的可掌控性。

5.我對自我的可掌控性。

二、要為成功所付出的代價，絕不會大過為失敗所損失的一切。

三、你對顧客財務運用瞭解的真實性，將會左右成交的時機與有效性。另外，在財務結構上，你愈清楚顧客擔心什麼、關心什麼，你就愈能迅速且準確地設計適合顧客的產品與服務。

四、對同業的瞭解，其實質意義不應只是能回答顧客對產品選擇的疑慮。最主要的，應是在於如何向同業借鏡、學習，找出同業最吸引顧客的是什麼？有哪些顧客覺得不欣賞的地方？並思考超越的方法。

五、學習與整合能力在未來將會凌駕執行力，你愈早體會這一點，你就愈能創造前所未有的成功與財富。

六、擁有知識不稀奇，如何將知識轉換成利潤的來源才是重點。

第20章　如何將客戶的拒絕轉換為成交的資源

成功錦囊

演練：銷售有如表演，仔細演練你的劇本與台詞。

——威力行銷研習會創辦人張世輝

常有剛轉業的銷售人員問我，他之前是做醫療器材的銷售，主要顧客都是醫院、診所裡的醫生，也常常和採購部門打交道。他的問題是：現在他轉來做壽險（或傳直銷）後，過去的人脈與顧客並沒有為他帶來更高於從前的收益，即便他們的「關係」都還維繫的不錯。這種情況普遍發生在一個剛轉行的銷售人員。

有一個做了十六年會計的上班族，從少女做到少婦，再從少婦做到三個孩子的媽，突然辭掉了這份「穩定」的工作，轉而投入保養與美容的傳直銷事業，每一個認識她的親友都說她吃錯藥，還有同事說：「妳，瘋了嗎？」她想改變，身邊「關心」她的眾親友卻猛拉著她，每個人都害怕她改變，只因為他們都已習慣了她「會計」與「媽媽」這個形象，無法接受她變成另一個人的事實。

在我第一次從事銷售事業時，我賣的是英語自學教材，它區分為兒童、學生與成人等不同客層的銷售，在一次軍官學校（沒錯，我曾經讀了七年的軍校）同學聚會的場合裡，我與高采烈的走進飯店，那些老同學們看見我的第一個反應是：「同學，不要鬧了，聚餐穿什麼西裝，輕鬆點吧！」我向他們解釋，那是我做業務員的「戰袍」，而我剛從顧客那兒離開，還沒來得及換衣服……我知道，他們就是不習慣原來已經認定你的形象。

「成功學之父」——拿破崙．希爾在八十年前的鉅著《思考致富》裡就已經提過，阻礙人們改變與進步的，往往是身邊最親近的家人、朋友；要致富，就要採取與一般人不一樣的創業與銷售活動，而這也意味著，創業者、銷售人員要邁向致富之路，就必須要能夠承擔風險。關心你的父母、親友基於「愛護」你的心境下，通常只希望你能安穩順利的找到一份有穩定收入的工作，他們的出發點是對的，然而，卻也最會傷害並扼殺你的創造力，以及致富的機會。

我們都知道，風險總是伴隨著機會而來，機會愈好，風險通常也就愈大。不願意承擔風險或只願處在安全區域的人，也就不會擁有致富的機會，即使有，他們也不敢「跨越雷池一步」。沒有致富潛力的人很少，扼殺與壓抑致富潛力的人則太多。

最近，我發現要改變人們根深柢固的壓抑性想法變得很有趣，這也證實了我在本書前面幾個章節裡談到的現象。我問一位銷售人員，你的收入成長了嗎？她說，受過訓練後，她是業務團隊裡業績成長最快的。我告訴她，當妳的平均月收入有十萬元的時候，妳就要去學習賺二十萬的方法；當平均月收入有二十萬元的時候，就要去學習賺四十萬元的策略；當平均月收入有四十萬元的時候，就要去學習賺八十萬元的做法。然後她告訴我，那要「花」多少錢哪！根本就學不完，還要一直花錢繳學費……我學這樣就夠用了。

很有趣吧，她有了一些進步，然後她對自己說，這樣就夠了，只因為要再學習突破就要再花錢。她的焦點完全擺在一個類似「保護」自己免於花錢、投資的風險上，既便原有的投資已經陸續的回收，還創造了不少的利潤，「自我壓抑」依舊將她拉回到平庸的想法與情境裡，而那是一個新的舒適空間，對她而言，在享受舒適的同時，也使自己迅速脫離了頂尖銷售人員之路。

在銷售事業上，所有的學習，都是為了創造更高的利潤來；而每一次的學習，也都是一次又一次的自我突破，例如：突破家人給予你過度的關心而使你沉溺於安逸的桎梏、突破自己說自己做不到的限制、突破因過於懶散而隨興而為的銷售、突破因無法整合所學而成為「知識障」的窠臼、突破自己從年收入五百萬而不敢「奢想」多賺三千萬的膽怯。

頂尖的銷售人員每天都在想著如何突破、再突破；而平庸的銷售人員則每次都在想如何可以不承擔風險，只要能待在舒適空間就好。而這也是頂尖銷售人員樂於見到的現象，因為「平庸」的商務人士不會對他們在生意上造成任何威脅，連正面競爭都不夠資格。

我倡導許多「離經叛道」的銷售哲學，不光是為了挑戰傳統的銷售認知，同時，我亦教導超過上萬個銷售人員，想要突破經營績效，就要學習「換個腦袋」；不僅如此，還必須「換套做法」。君不見「換腦袋」的人少，「換做法」的人更少嗎？

許多人雖然想法改變，回到銷售的現實環境，他的做法卻沒改，結果是：造成更大的衝突。顯而易見地，只是改變想法、擁有積極的態度，可以使你心情舒暢；然而銷售的做法並未有多大的改變，怎麼可能得到突破性地持續成長呢？

不過，學習使你的做法更精準、有效，你的成績將促進你的想法產生戲劇性的改變，所以，你常聽到攀登銷售巔峰的人說：「真不敢相信，我竟然辦到了！」如果你花很多時間去想，如何增強銷售時的自信，或是如何克服銷售時被拒絕的恐懼，以及如何處理顧客的各項拒絕理由等等問題，告訴你，這真是既浪費時間、又虛耗精力的事。

為什麼？因為，你的焦點擺錯位置了，這就好像你的鼻子長在耳朵上一樣。你不知道這話是什麼意思？這意思是說，你看過鼻子長在耳朵上的人嗎？沒看過！我也沒見過，鐘樓怪人也沒那麼怪，對不對？鼻子就該長在鼻子的位置，把你的焦點擺對，別老是問自己一些「笨問題」，那你只會得到一些「笨答案」。

如果你問自己：這個顧客在財務分配上最在乎的是什麼？在做財務規劃的專業人士的選擇上，他最重視的人格特質與條件是什麼？他最想聽到的是什麼？最不想見到什麼樣的銷售人員？甚至，在你的專業上，他能得到的最大利益是什麼？他做決定時的各項參照資訊，從你這兒取得的方便性如何？你準備的是他已經知道的還是他根本就沒看過的？你準備的各項銷售訊息是否有利於他的購買決定，抑或造成更多的混淆，而導致猶豫不決？這類型的問題，你蒐集或準備得愈充分，成交的掌控性就愈高。

所以，你不僅要學會問對問題，你還得學會「預測」潛在顧客真正想知道、能促使其做購買決策的問題。從結構著手，不論你在銷售這一行待了多久、成績做得好或不好、你有多少顧客、乃至你領導了多少的下線或銷售團隊，從結構學習延伸實用的策略，不只你自己受惠、你的顧客，當然，還包含你的下線們。

案例

「我告訴你，我姊姊一買保險就出事，不是哪裡受傷就是生病，是有理賠，不過，我們家早在一年前，就將所有的保險都解約了。你看，到現在，沒有保險，我們反而過得很安全，反正只要一投保，我就覺得會發生事情，你可以說我迷信，我就是不會再繳錢給保險公司！」

「我瞭解，王先生，我今天會來拜訪你，就是你姊姊請我來的，她告訴我，你一年前將所有的保險都停掉，而她覺得這對你及家人會有權益上的損失，她說你根本就不聽她所說的，是嗎？」

「每個人都有自己的想法，我曉得她很關心我們，但是我還是覺得不要保險比較好。」

「在我離開之前，我想確定一件事，王先生，你說你們之前只要一投保，就好像有人會發生事情，然後就可以申請理賠，你雖然很滿意有理賠金，但是你不喜歡拿『這種錢』，因為那是受傷或生病換來的，是嗎？」

「對，沒錯。」

「這麼說來，你根本就不需要保險？」

「不需要。」

「你是根本都不需要，一點都沒錯，你不但不需要，同時，你更不需要理賠金，事實上，你應該將理賠金全數退還給保險公司。」

「哪有可能，你瘋了嗎！我們繳了保費，發生可申請理賠的事情，本來就是我們該得的，怎麼可能退回去！」

「你還是退回去吧！」

「你別開玩笑了。」

「王先生，你能不能確定自己或家人在哪一年、哪一月的哪一天，會受傷或生病？」

「這怎麼能確定，我又不是上帝！」

「你可以確定的吧！」

「不可能！」

「你既然不能確定，你又怎麼能確定投保後，就『一定』會發生事故呢？」

沉默……

「既然你不確定事故是因投保而來的關連性，你又怎麼確定理賠金是你該得的呢？」

沉默（皺著眉頭）……

「有一件事是確定的，王先生，你並不反對投保，你只是太愛護自己與家人，不想讓他們受到任何傷害或病痛，對不對？」

「這當然啦！」

「另一件可以確定的事，就是你很在乎錢，是吧？」

「我當然在乎，有誰不是呢？」

「OK，王先生，我想很多人先前都誤解你了，他們想不透你之前為什麼要這麼做；你並不是不需要保險，而是不要受傷或生病；你並不是不在乎錢，事實上，你很重視金錢為你及家人帶來的安全與富足。因此，我要給你的建議是，在你擁有保障的同時，還能擁有額外的獲利。而你一點也不想失去累積財富的機會，同時，還能讓自己與家人受到更妥善的保障，這才是你真正想要的，你說是吧！」

「難怪我姊要找你來，我都不知道要怎麼拒絕你，你告訴我要怎麼做吧！」

案例說明

「我告訴你，我姊姊一買保險就出事，不是哪裡受傷就是生病，是有理賠，不過，我們家早在一年前，就將所有的保險都解約了。你看，到現在，沒有保險，我們反而過得很安全，反正只要一投保，我就覺得會發生事情，你可以說我迷信，我就是不會再繳錢給保險公司！」——這真是一個讓人一頭霧水的情況，當你愈仔細聽他的內容，就愈覺得不對勁！因為充滿了矛盾。這個矛盾來自於：有保險就出事，沒保險就不出事的邏輯上。我知道這聽起來矛盾至極，那是顧客的經驗，而他將經驗與產品的好處結合後，卻產生了一個不合邏輯的連結。不過，根據「重新定義」的策略，你倒是可以將矛盾二字重新定義為「茅塞頓開」。所謂的矛盾，就是茅塞頓開之意。

「我瞭解，王先生，我今天會來拜訪你，就是你姊姊請我來的，她告訴我，你一年前將所有的保險都停掉，而她覺得這對你及家人會有權益上的損失，她說你根本就不聽她所說的，是嗎？」——這一整段，都屬於「描述」顧客過去與現在的經驗，而你知道，「描述」的策略，是建立你與顧客的契合感，以利銷售過程的進行。

「每個人都有自己的想法，我曉得她很關心我們，但是我還是覺得不要保險比較好。」——這位顧客已經從過去的投保經驗裡「設定」好制約的反應，看來他似乎已封鎖談話的範圍，他不想在保險這件事上打轉，有點下逐客令的味道。「知難而退」常常是顧客「擊退」銷售人員的行為模式之一，有些銷售人員會因此覺得尷尬，不好意思再進行下一步而打退堂鼓，然而，那卻不是銷售人員應該有的選擇。

「在我離開之前，我想確定一件事，王先生，你說你們之前只要一投保，就好像有人會發生事情，然後就可以申請理賠，你雖然很滿意有理賠金，但是你不喜歡拿『這種錢』，因為那是受傷或生病換來的，是嗎？」——以退為進會是一個不錯的選擇，再加上描述並整合顧客的口語經驗，然後，你就會得這麼一個反應：

「對，沒錯。」——這表示之前的一連串描述都奏效。

「這麼說來，你根本就不需要保險？」——當你準備發起「逆轉」攻勢時，務必要「小心求證，大膽行動」，這一段描述屬於「內在經驗」，是從顧客一開始到現階段所說的一切的整合，也就是說，不管他說了多少奇怪的理由，從頭到尾他只說了一件事，就是「我根本就不需要保險」。

「不需要。」——這是你預料之中的答案。

「你是根本都不需要，一點都沒錯，你不但不需要，同時，你更不需要理賠金，事實上，你應該將理賠金全數退還給保險公司。」——許多銷售人員不敢和顧客如此講話，他們害怕會惹對方生氣，然而，你的態度必須很柔軟，你就不用擔心情緒的反應；這是一種催眠治療術的運用，你將顧客對產品「不需要」的口語經驗移植到「不需要理賠金」，而你更進一步地要求對方「退還保險金」，這其中是有邏輯性的，既然「不需要」保險，又怎麼會需要「理賠金」？既然「不需要理賠金」，就該將所獲得的理賠金「全數退還」！這是一種「擴張」的策略，常常會使聽者失去心理上的平衡，當然，你的策略目的，是為了擾亂其抗拒意識，所以從建立契合開始，再經過整合性的描述，接上擴張策略，你就可以使其失去抗拒的施力點。

「哪有可能，你瘋了嗎！我們繳了保費，發生可申請理賠的事情，本來就是我們該得的，怎麼可能退回去！」——這是擴張策略所引發的反應之一，而每一種被刻意誘發的反應，都被視為一種資源；資源，就是要拿來用的。他在「需要保險」的意識上所顯現出來的反應，並不是你可以掌控的，因為在這種情況下，當你愈試著說服對方「你是有需要的」，他就愈想要維繫「不需要」的尊嚴；這就是為什麼要透過「擴張」來重新找到可控的施力點。至於你的擴張策略奏效於否，則端視對方所表現出來的反應與口語，是否達到對情境該有的反射而定。這裡的「反射」，就是他「不認為將該得的理賠金退還」。

「你還是退回去吧！」——持續性的擴張運用，以測試對方的「反射」程度，是否已足夠被當成「資源」運用。

「你別開玩笑了。」——這是測試後的反應，其反應程度可被視為你是否能夠更進一步的指標。

「王先生，你能不能確定自己或家人在哪一年、哪一月的哪一天，會受傷或生病？」——在他「確定」不退還理賠金的同時，接下來就是找出什麼是他「無法確定」而又與你的產品屬性有關的，而這樣一個問題，是你絕對可以掌控並預測對方的反應，因為：

「這怎麼能確定，我又不是上帝！」——賓果！這就是你要的反應。他終於有一項「不可掌控」與「不確定」因子，同時，這項因子又可被視為他為什麼要持續投保的原因。至於你要怎麼運用或何時拿來用，則視情況而定。

「你可以確定的吧！」——同樣是測試，看看他「不確定」的程度。

「不可能！」——你得到了另一個確定的反應。

「你既然不能確定，你又怎麼能確定投保後，就『一定』會發生事故呢？」——這裡是你發起攻勢的關鍵點，你可以清楚地看到在什麼是確定、什麼是不確定的因素中，你把它們「合併」到他之前的異議上，然後，你就會發現對方在他原有的異議上「失去平衡」，而不知該如何對應，他的反應就會像這樣：

沉默……

「既然你不確定事故是因投保而來的關連性，你又怎麼確定理賠金是你該得的呢？」——這裡是平行擴張，延用剛才的合併，在他原來「確定」的事情上使其產生不確定感，同樣的效果，你會得到這個反應：

沉默（皺著眉頭）……——他更困惑了，這是好現象，表示他不會再停留在原有的異議上。銷售時遇到的障礙，大部分都是策略行銷者成交的資源，不是無法成交的原因。

「有一件事是確定的，王先生，你並不反對投保，你只是太愛護自己與家人，不想讓他們受到任何傷害或病痛，對不對？」——之前使他失去平衡的不確定感，在這一段內容裡找出可舒緩的空隙，對方好不容易在回應你的結構上有了施力點，也就是說，他終於有一樣因素是可掌控的，前述章節談過，人們不喜歡對事情沒有掌控性，那會帶來不確定感與壓力。所以，一旦對方在某件「失控」的事情上，重新找到可確定性時，他就會毫不猶豫的告訴你：

「這當然啦！」——這裡讓他重新握有掌控性時，同樣地，擴張策略又再度上場，以擴充並延伸他的可確定性。

「另一件可以確定的事，就是你很在乎錢，是吧？」——他對投保及理賠金、還有之前退保的動作，都已經呈現出他對錢的態度，所以，你可以大膽的描述他的態度，以作為擴張確定性的施力點。

「我當然在乎，有誰不是呢？」——這是第二項他可以確定並有掌控權的事。

「OK，王先生，我想很多人先前都誤解你了，他們想不透你之前為什麼要這麼做；」——這裡暗指的是：除了他自己以外，只有一個人瞭解他為什麼那麼做的原因，這當然指的是銷售人員，眼前的這一位。

「你並不是不需要保險，而是不要受傷或生病；你並不是不在乎錢，事實上，你很重視金錢為你及家人帶來的安全與富足。」——在你「暗示」對方除了他自己外，只有你瞭解他為什麼這麼做後，你可以將他為什麼這麼做的理由「合理化」，而「抽離」策略倒是一項可運用於此的指令：「你並不是不需要……而是不要……」「你並不是不在乎……你真正重視的是……」。抽離指的是：剔除掉顧客不要的（他已經告訴你，他不需要什麼了），留下顧客無法拒絕的（他無法拒絕的，就是他前兩段所重新確定的）。

「因此，我要給你的建議是，在你擁有保障的同時，還能擁有額外的獲利。」——這是一種直接型指令，同時包含了雙重暗示，當然，經過前面策略運用，商品功能與特色並非是顧客一開始最關心的，他甚至連聽的意願都沒有。而到此階段，你的商品功能才是真正能引起對方注意的時機。為什麼？因為他的「狀態」已經被調整好，準備接受繼之而來的商品訊息。

這類型的案例發生時，有超過百分之七十以上的銷售人員會搞砸，因為他們不知道該怎麼做，百分之十五的銷售人員會想闡述自己的商品與之前顧客有的有什麼不同，並想藉以說服其重新購買。不過，效果不彰之餘，往往還有負作用。只有不到百分之五的銷售人員能夠握有使顧客立即回心轉意的掌控性，你最好是這百分之五的其中之一。

「而你一點也不想失去累積財富的機會，同時，還能讓自己與家人受到更妥善的保障，這才是你真正想要的，你說是吧！」——依據他對金錢的態度，你當然可以斷定他「不想失去累積財富的機會」。還包含了他對家人的重視，你更可以描述其「給家人更妥善的保障」。並確認，這些才是他「真正關心」的。

「難怪我姊要找你來，我都不知道要怎麼拒絕你，你告訴我要怎麼做吧！」——顧客已經「完全」準備好要接收你的銷售訊息，換言之，你怎麼規劃，都是他要的！

本章重點：

1. 釋放你最大的銷售潛力，別壓抑它！更別理會那些因「不習慣」你變得更成功、更有錢的朋友、過去的同儕，甚至是家人認為你做不到的評論，你真正要做的，就是放手去做！
2. 「成功學之父」——拿破崙．希爾在八十年前的鉅著《思考致富》裡已經提過，阻礙人們改變與進步的，往往是身邊最親近的家人、朋友；要致富，就要採取與一般人不一樣的創業或銷售活動。只要是合法、對顧客、對社會有幫助的創業或銷售活動，你皆有成功致富的機會。

3. 「自我突破」將是二十一世紀銷售致富與成功最大的挑戰，這意味著；你要想的不一樣、做的不一樣、學的不一樣，同中求異，你才能自我突破，一直處在原有的舒適空間，你的限制就愈牢固，日子久了，你將會成為「習慣的俘虜」，而無法突破層層的障礙，殊不知，這層層障礙是自己搭上去的。所以，你要為自己搭的，不是層層障礙，而是層層邁向致富的階梯。

4. 想要突破現在的成就與成績，不能只有「積極的想法」；你更必須學習「有效的做法」，因為，「再堅定的信心，都必須伴隨著正確的行動而來」。

5. 你心中想的任何問題，都必須要「擺對位置」，還有，別老是想自己有什麼問題，想想你的潛在顧客重視的問題，你才有致富的機會。

第21章 讓客戶產生期待的魔力字眼

成功錦囊

用心：全副心力銷售領全薪，半副心力銷售領半薪，無心銷售不支薪。

——威力行銷研習會創辦人張世輝

我認為任何一種激發人們追求成功、致富的書籍與訓練，都應該要教教大家如何有效運用誠懇、帶有魔力的神奇語彙，來得到他們被激發出來的渴望及成功。

這一章，要和你談談讓人產生期待的字眼。

身為銷售人員、銷售領導人的你，不難發現一個道理，有效的行動，比只是行動要重要多了！而有效的銷售，又比只是採取銷售行動要重要得多！

有效的銷售行動往往來自於有效的溝通，因此，銷售品質的好壞，來自於溝通品質的好壞。而一般人（非銷售人員）對溝通的定義與銷售人員對溝通的定義是截然不同的。

一般人對溝通的定義來自於：成功的將你的想法、觀念與意見傳達給另一個人（或一群人）。

而銷售人員對溝通的定義則來自於：促使顧客做購買決定的能力。

想想看這兩者之間的差異。你可以成功的將商品訊息傳遞給潛在顧客，接下來呢？他卻未採取任何的購買行動。這樣的「溝通」只能算是傳遞訊息，不構成銷售溝通上的必要條件；而「促使顧客做購買決定」的溝通則完全不同。有太多銷售人員在扮演著「傳達訊息」的角色，這樣的銷售人員收入有限，他們也常常納悶：為什麼潛在顧客都覺得產品沒問題，預算也沒問題，最後卻未購買？

有效的銷售溝通往往能營造一個讓顧客充滿期待、讓銷售人員充滿熱情的氛圍，進而在愉悅的氣氛下達成交易。

頂尖或偉大的銷售人員都知道，在銷售時，當你使用的字眼愈精準，成交的命中率愈高，而銷售週期愈短。改善銷售語彙的精準度，往往會產生奇蹟似的結果。

案例一

有位銷售領導人非常優秀，平均年收入約在八百萬新台幣，我問他一個很直接的問題。

「王總監，我有一個很棒的問題要請教你：增加你的年收入一倍卻不增加工作時間，你要不要？」

「我知道你的意思，我很忙，沒有時間再去上課。」

「王總監，我也知道你的意思，我沒問你要不要上課，我只問你可以增加一倍的收入卻不增加工作時間，你要不要？」

「感謝你的好意，你看，我每天都有開不完的會，一個團隊接著一個團隊跑，而且，我也要幫業務同仁上課、輔導，活動實在太多，沒有這個時間。」

「王總監，我既然提了這個問題，就代表能做得到，否則我就不會這麼問了。所以，再請教你一次，能夠找到增加一倍於現有年收入的方法，卻不增加工作時間，你要，還是不要？」

「能做到當然是最好啦！每個人都想要增加收入，你說對不對？」

「王總監，萬事始於相信，而且，凡事都有更好的解決辦法，你說是吧？」

「是啊！」

「OK，王總監，增加你一倍的年收入，你要還是不要？你要，我們就來談談怎麼做；不要，我會馬上離開，不耽誤你的時間。」

「（沉默）……要！」

「我知道你在考驗我，王總監，看看我會不會知難而退，如果我不能堅持你所能得到的最佳利益，我也不夠資格與條件來和你談這個問題了。你說是吧！」

他微笑點頭。

「你現在可以靜下心來，聽聽看要怎麼做了吧！」

「OK，你說。」

案例二①

有位銷售成績普通，卻很努力的銷售人員問了這樣一個問題：

「我這麼努力，每天都掃街拜訪顧客，為什麼我的成績還是沒有進步？是我哪裡做錯了嗎？」

「你問錯問題了，重問一遍。」

「什麼？」

「你沒聽錯，重問一遍。」

「問什麼？」

「問對的問題，重問一遍。」

「不懂，像我這麼努力，成績不該只有這樣，一定是我哪裡做錯了。」

「『挑錯』是不會『做對』的，你不是要『做對』嗎？問對的問題吧！」

「（沉默）……張老師，我要怎麼做，才能突破我的銷售成績？」

「我不回答笨問題，我只回答聰明的問題，然而答案並不是最重要的，真正重要的是：如何提問有效、又聰明的問題。在銷售過程中，問自己或顧客『笨』問題，你就會得到笨答案。問『聰明』的問題，你就會得到聰明的答案，你贊不贊成？」

「我懂了！我要怎麼做，才能有效增加業績與成就感？這就是聰明的問題。我為什麼成績平平，哪裡做錯了？就屬於笨問題。對不對？」

「如果你連問自己問題都沒問對，那麼可想而知，你問顧客的問題也不會高明到哪去，就別談績效高低了。」

「嘿，真特別，我有一種豁然開朗的感覺，現在想起來一點都沒錯，問對問題真的比只是介紹商品重要多了。」

「我總是用最快的速度，問顧客最關鍵的問題，在沒有得到應該有的反應前，我是不會隨便離開這個話題的。這麼做的前提是：你確定這個問題，對顧客的權益是最有利的。那麼你就可以勇往直前、無畏無懼了。」

案例二②

另一種策略表現形式是採契合但不突兀的結構：

「我這麼努力，每天都掃街拜訪顧客，為什麼我的成績還是沒有進步？是我哪裡做錯了嗎？」

「你問對問題了，你是不是想找出錯誤，修正過後，再去執行，銷售成績就自然會進步？」

「對啊，一點都沒錯。」

「是不是每次只要銷售目標未達成，你就問自己同樣的問題？」

「沒錯，我自然會想到一定是哪裡出問題了，不然怎麼銷售成績還是這樣？」

「你是一次找出『一點』錯誤來修正，然而成績還是沒有大幅改進？」

「有的時候有，有的時候不一定有用。」

「OK，你想要重複原來的模式，得到時好時壞的成績；還是你要一次來個大躍進，有系統的學習精準的銷售，來得到你理想中的成績？」

「當然是後者！」

「為什麼你選後者？」

「這樣我就不用一次一點，浪費太多時間。」

「嗯，還有呢？」

「成績能夠大躍進，那當然好啦！」

「半年前你就已經這麼學習並且執行，現在會變成怎麼樣？」

「應該比較好吧！」

「你想要『比較好』還是『好很多』？」

「你這麼問，我當然是選『好很多』。」

案例說明一

「王總監，我有一個很棒的問題要請教你」——直接提問銷售時的關鍵問題，對銷售人員而言，是項極具挑戰性的做法，大部分都提問些不著邊際的問題。只不過，暖場式的問法也必須很直接，千萬別這麼問：我可不可以請教你一個很棒的問題？這是「自殺式問話」，因為你的「太過小心與沒信心」，會使一半以上的顧客回答：不可以。

「增加你的年收入一倍卻不增加工作時間，你要不要？」——對於忙碌的顧客而言，結果導向的銷售往往能讓人一開始不知道該怎麼說不。這和暖場的問話不同；你既然敢在商品的功能上直接探詢顧客「要」還是「不要」，就代表你對產品的信心十足，你也不擔心顧客說不。

「感謝你的好意，你看，我每天都有開不完的會……沒有這個時間。」——這是典型「不好意思直接拒絕式的回應」，然而，除了「不好意思說不」外，他等於什麼也沒說。既然不好意思說不，對我而言，就不算是個拒絕。銷售人員必須具備這樣的想法，而不是所謂的「知難而退」，更何況，一點都不難。你只需要膽識，還有做法。

「王總監，我既然提了這個問題，就代表能做得到，否則我就不會這麼問了。」——在尚未得到顧客的允諾前，可以提出一項合理化的理由與說法，讓半信半疑的顧客在心理上能找到些許信任的依靠，但必須合乎自然的邏輯。既然提出來了，就代表做得到。「能夠找到增加一倍於現有年收入的方法，卻不……」——重新提出關鍵問題，顧客有時會採閃躲策略，只因為你的問題命中核心。

「能做到當然是最好啦！每個人都想要增加收入，你說對不對？」——顧客的立場漸漸明確，因為他察覺前一段合乎自然邏輯產生的些許信任，雖然有，卻不完全。

「王總監，萬事始於相信，而且，凡事都有更好的解決辦法，你說是吧？」——重新建立契合，以踩著剛才「些許」的信任感前進，在彼此都認同的基礎與概念上重疊，並據此要求對方給予認同的回應。

「OK，王總監……你要，我們就來談談怎麼做；不要，我會馬上離開，不耽誤你的時間。」——要與不要的主控權留給顧客的潛意識，英文叫 Take it or leave it！

「我知道你在考驗我，王總監，看看我會不會知難而退，如果我不能堅持你所能得到的最佳利益，我也不夠資格與條件來和你談這個問題了。你說是吧！」——這是一個舒緩連續性關鍵問題的方法，意思是：我會這麼做，是因為你想看看我夠不夠資格與條件，同時，讓對方覺得掌控權總是在他身上。

他微笑了點頭——非語言的潛意識反應，認同式的回饋。

「你現在可以靜下心來，聽聽看要怎麼做了吧！」——意識上的認同代表意識上的成交，永遠別急著介紹商品內容，特別是尚未達到意識上的成交前。切記！

案例說明二①

「我這麼努力，每天都掃街拜訪顧客，為什麼我的成績還是沒有進步？是我哪裡做錯了嗎？」

「你問錯問題了，重問一遍。」——標準的「模式阻斷」，不跟隨對方的問題，也不準備直接回答，其目的為「阻斷」其慣有的意識運作，而造成他意識上短暫的空白，並在下意識中接受我的暗示。

「什麼？」——模式阻斷後，在當下產生的變異狀態，因為前面的說法並不在他預設的反應模式裡。

「你沒聽錯，重問一遍。」——延續模式阻斷的一致性。

「問什麼？」——模式阻斷當下產生意識上的空白，使其潛意識自動搜索資源，我請他重問，卻沒告訴他「問什麼」。

「問對的問題，重問一遍。」——暗示其問題本身的不適性，請他重新搜索「對」的問題，同時暗示其原來的問題對他的銷售是沒有幫助的。

「不懂，像我這麼努力，成績不該只有這樣，一定是我哪裡做錯了。」——他的意識層目前還沒有找到資源能幫助自己重新界定問題，這是讓他放棄原有的假設與自我批判，因為他認定自己「一定是哪裡做錯了」，這樣的批判帶來的是無力感。不過，在催眠的運用上，常常會利用並加深當事人的無力，產生更無力的感覺，以促使其改變。

「『挑錯』是不會『做對』的，你不是要『做對』嗎？問對的問題吧！」——這是一個直接型的指令，以命令其潛意識去搜尋「做對」的資源是什麼，直接型的指令是跟隨在模式阻斷所造成的意識空白之後，以直接命令填補其空白的意識空間，不經過對方表意識層的篩選，潛意識執行命令時是表意識無法控制的。

「（沉默）……」——潛意識執行直接型指令的最佳證明，這一小段沉默是潛意識搜尋資源的所需時間，絕對不能打破沉默。

「張老師，我要怎麼做，才能突破我的銷售成績？」——在潛意識層找到了資源，他重新組織了他的問題，以取代原來對其銷售沒有幫助的問題。接下來，你可以看到他的改變。

這一段誘導的過程與策略，對銷售領導人、業務經理在協助銷售人員突破銷售困境上，有最直接的助益。因為「問題本身就是最好的解答」，只要你提問的是正確、聰明或有效的問題。

至於此案例的第二種處理手法，請參考「建立契合」的單元說明。

本章重點：

1. 在銷售事業上，不只要有行動力，更要學習有效的行動。
2. 銷售品質的好壞，來自溝通品質的好壞。
3. 銷售人員對溝通的定義，不是指傳達商品訊息，而是「促使顧客做購買決定的能力」。
4. 頂尖或偉大的銷售人員都知道，在銷售時，當你使用的字眼愈精準，成交的命中率愈高。

第22章 成交是一種自然衍生的順序

成功錦囊

致富：全球前五百大頂尖的銷售人員共同的致富之道就是：在銷售事業上，當你學的愈多時，你就賺得愈多。

——威力行銷研習會創辦人張世輝

這一章要和你共同探討「自然衍生的順序」。

你過去是否有過這樣的經驗：銷售的時間很短，氣氛融洽，顧客亦完全贊同並喜歡你的介紹與說明，預算沒問題、決策者與決策影響人都一致地認為是該採取行動的時候，交易就「自然」的完成了只可惜，你並非每次面對顧客，皆能如此自然的完成交易；如果這種機會很多，每位銷售人員都將成為千萬或億萬富豪了。

並非有人天生就是銷售高手，也沒有證據能夠證明有人天生就不會是銷售高手；即便你做了人格特質分析後，發現自己不論是何屬性、社交手腕高明與否、內向或外向、傾向邏輯分析或只憑感覺，這些都不是你能否成為頂尖銷售高手的依據。科學證明，依據蜜蜂的體型、重量與翅膀的比例，牠是無法飛行的！但你有看過不會飛的蜜蜂嗎？除非牠死了。蜜蜂才不管什麼科學證明，牠愛怎麼飛都行。

撇開這些綁手綁腳的人格特質分析吧！即使它「證明」你不適合往銷售這一領域發展，你還是有可能突破某些限制，成為千萬或億萬的頂尖銷售高手之一，真正的決定因素，反而是你的動機與渴望。唯一的限制，就是你的想法！

以整數而不以小數點來算，哪個數字會跟在「2」後面？你一定很快就有了「3」這個答案。「2」的前面呢？「1」啊！你可能會好奇，這有什麼好問的？這就是自然衍生順序的基本架構。

案例

「我覺得過去買的教材套書孩子都不看，根本就是浪費錢，叫他讀都不讀，你有什麼辦法？而且，業務員沒多久就『跑路』了，根本找不到人，我不會再花錢幫孩子買教材，以後送補習班就好了。」

「王媽媽，你講的對極了！照你這麼說，是沒必要再花錢買教材，怎麼可能在你有這麼多慘痛的購買經驗後，還期望你對教材或孩子的教育有信心呢？告訴我，前幾次你是否都滿懷期望，希望好好培養孩子，盡量給他最好的？」

「那當然！這不只是花錢而已，買了不看也不讀，不是浪費嗎？」

「你說得對。王媽媽，你知道銀行、律師、美國的好萊塢電影都是哪些人創立或創辦的嗎？」

「不知道。」

「你知道全球富比士排行榜中，有百分之四十五的富豪是哪些人嗎？」

「我也不知道。」

「答案是猶太人。你知道他們為什麼會這麼成功？」

「不清楚，為什麼？」

「因為他們誘導孩子學習的方法很獨特，他們倡導『帶著走的知識』，這大概和他們長年遭受迫害有關。他們教育孩子的方法不是：去讀書，給你買了教材還不趕快去讀，不要浪費錢，你要是每天都愛看不看，以後休想我再給你買東西！猶太人教育子女的方法是：在給孩子第一本書時，在上面放了一顆孩子最喜歡的巧克力！」

「王媽媽，你對孩子的期望是正確的，所以你才會在這之前投資在他的教育上。只是，你表達期望的方式，少了巧克力，孩子從未將『學習』與『甜蜜』聯想在一起，如果你是孩子，哪種方式你比較能接受？」

「我懂你的意思了。」

「如果我只是個教材推銷員，你就該拒絕我；現在你知道為什麼會有那麼多像你一樣的家長會使用我建議的誘導學習法，以及這套學習系統的原因了。」

「嗯，我瞭解了，原來是這樣。那我要怎麼做？」

案例說明

「我覺得過去買的教材套書孩子都不看，根本就是浪費錢……業務員沒多久就『跑路』了……我不會再花錢幫孩子買教材，以後送補習班就好了。」

當銷售人員出現在顧客面前時，約有近百分之九十五左右的顧客，常會「不自覺」地聯想起過去曾有過的購買經驗，這裡面又有將近一半以上的顧客會表現出「受害者」的經驗。然而，對催眠式銷售來說，不論這些受害經驗內容為何，你都該將其視為成交的資源。這可不是說笑話！說到笑話，你應該看看這樣的處理手法或話術，所造成的笑話比較好笑。大部分銷售人員都這麼回應：

「是的，你說得不錯，可是我們公司的教材不一樣，如果你聽完我介紹後就知道，這套系統的編輯群涵蓋了諾貝爾獎得主×××博士的推薦，而且……」

「啊，你不用再介紹了，愈買愈多，再說，家裡空間本來就不大，以前買的都沒處放了。」

「王媽媽，我們這套教材主要是以數位化的方式呈現互動式的學習內容，不但不占空間，而且這裡面有超過三百位專家來編輯，動用了超過兩百位的電腦動畫師。」

「我知道，現在哪一家教材不是這麼設計，而且你們的價格又不便宜。」

「王媽媽，我們現在有辦無息分期，最長可分三十六期。」

怎麼樣，這位窮追猛打的銷售人員令人佩服吧！而且，你有沒有發現，他跟著顧客的問題亂跑，每想解決一個問題，就會衍生出另一個新的問題。你只能說以上的內容純屬笑話，我衷心希望這笑話不曾發生在你身上。

當然，有效的策略可能不只一種，但契合永遠是第一選擇。既然這位銷售人員已經「不小心」引起顧客過去「受害者」的購買經驗，自然的衍生順序就是：語言與經驗上的同步。

「王媽媽，你講的對極了！照你這麼說，是沒必要再花錢買教材，怎麼可能在你有這麼多慘痛的購買經驗後，還期望你對教材或孩子的教育有信心呢？」把顧客的經驗內容拿來用，而不是提出相對性的說法，你絕對不能像前面那位「令人佩服」的銷售人員，以「是的，妳說的不錯，可是我們公司的教材不一樣」，他好像在一開始贊同，後面卻用「可是」來否定掉之前的贊同，得到的反應就是：你根本就不認為我說的是對的！「可是」後面說什麼都不重要，這卻是引起顧客防禦系統最有效的方式之一，不過，對你的銷售沒有任何好處！

想想看，不管顧客的經驗內容是什麼，描述並契合對方受害者的經驗，不是一個尋常性的做法，尤其當你說「是沒必要再花錢買教材」，這乍聽之下是與你的銷售目的背道而馳的，然而，你得學會「架構引導內容」，所以，別太在意內容，反正顧客會給你用不完的「內容」，你要學的，是架構，根本不愁沒內容可以用。

「怎麼可能在你有這麼多慘痛的購買經驗後」——延續語言與經驗上的同步。

「還期望你對教材或孩子的教育有信心呢？」——你大概注意到這句話有兩個畫線的部分，它標示自然衍生的順序，同時運用滲透策略，將「孩子的教育」滲透在失望的「教材」購買經驗上，模糊顧客的經驗內容與標的；到底是對「教材」失望還是對「孩子的教育」放棄？這在顧客的表意識層會造成混淆，其功能為：使其防衛的心態模糊，同時又呼應顧客的潛意識。這裡暗示「期望你對教材或孩子的教育有信心」，她的潛意識接受了這個暗示，是運用她的表意識防衛滲透進潛意識欲望。

「告訴我，前幾次你是否都滿懷期望，希望好好培養孩子，盡量給他最好的？」

——描述顧客之前的購買期望及動機，因為之前的購買行動背後的動機在此，這是屬於內在經驗的描述，而且是曾發生過的經驗，描述時不至於有任何否定的反應，相對的，你會得到一個較為肯定的反應。

「那當然！這不只是花錢而已，買了不看也不讀，不是浪費嗎？」——如果你夠敏銳的話，將在這句話裡聽得出顧客的期望，而非字面上本身的字義。將這句話反過來說的意思，就變成：買了以後孩子既看又讀，就不是浪費，也不辜負我的期望！

「你說得對。王媽媽，你知道銀行、律師、美國的 Hollywood 電影都是哪些人創立或創辦的嗎？」「你知道全球富比士排行榜中，有百分之四十五的富豪是哪些人嗎？」——創造顧客的變異狀態，這些看似怪異、與銷售主題不相干的問題會大量吸引顧客的潛意識注意，這些問題與顧客的購買經驗有什麼關連？誘導出一個較深沉的反應，就是「我不知道」，你還記得之前我們談過，當顧客說不知道的時候，就是顧客想知道的時候這個原理吧！

「答案是猶太人。你知道他們為什麼會這麼成功？」——自然衍生的順序，顧客一知道答案後，再連結一個誘導型指令，以延續顧客的變異狀態。

「不清楚，為什麼？」——顧客的口語反應仍持續在變異狀態，他會忘了原有的防衛性理由是什麼；這是意識不斷被轉移的現象。

「因為他們誘導孩子學習的方法很獨特……他們教育孩子的方法不是：去讀書……」——重疊顧客原有購買行動的動機內容，也就是對孩子的期望，同時，讓顧客自己看到、聽到、感受到自己表達期望的方式！接著，你要列出對照他的行為的相對性做法，在相同的期望下，對照組的做法不一定會取得顧客的認同，這是之所以前面必須事先鋪陳「成功人士、富豪」等內容，因為是事實而無爭議性，較易取得顧客認同，並以其認同的基礎，提出「成功人士」對孩子教育的做法，延續了顧客的認同，並且擴大其信任的深度與範圍。

「猶太人教育子女的方法是……」——對照組的表現形式。

「王媽媽，你對孩子的期望是正確的……如果你是孩子，哪種方式你比較能接受？」——對照組的功能不在比較優劣，而是在提出選擇，兩個父母的期望並無不同，是做法產生的可適性的問題，這樣一來，你不必承擔冒犯顧客的主觀意識的風險，而能使顧客設身處地冷靜地做出選擇。

「我懂你的意思了。」——顧客不可能承認自己在教育做法上有疏失，這是一個自我意識維護的表達方式，然而，潛意識已經完全接受了自己的選擇。

「如果我只是個教材推銷員，你就該拒絕我……」——顧客無法拒絕你，而你也重新定位你在顧客心中的角色，他既然無法拒絕你，就不認為你只是個教材推銷員。

「現在你知道為什麼會有那麼多像你一樣的家長會使用我建議的誘導學習法，以及這套學習系統的原因了。」——自然衍生順序的展現，「現在你知道」以及滲透策略，將這套學習系統滲透在顧客接受的誘導學習法中。

「嗯，我瞭解了，原來是這樣。那我要怎麼做？」——顧客現在已準備好重新採取行動。

使用這些策略的重點在於你銷售時的信念。如果將你的顧客當成要參加奧運的選手，而你是教練，你是否會盡一切努力，協助這位選手採取任何有助於奪得金牌的行動呢？而每一個金牌選手背後，都有一個金牌教練，教練在訓練選手時，他會將所有焦點都放在選手上，他會仔細研究協助他奪冠的策略，發展並鍛鍊他的心智、潛力，持續為他加油、打氣，無所不用其極的激勵他，並坐下來與他仔細討論，他們的關係一如唇齒，他們是緊密的團隊，教練每分每秒，都在想著怎麼協助他奪冠，沒有幫助選手奪取金牌，就不會有金牌教練的存在。這就是你必須具備的信念，而堅定的信念，會帶來無法抵擋的力量！

一旦你擁有協助顧客做出正確投資或購買決定的堅定信念，你就為你的銷售事業注入無法抵擋的致富力量！

本章重點：

1. 成交是一種自然衍生的順序。
2. 成為頂尖銷售人員的決定因素，是你的動機、決心與渴望。唯一的限制，就是你的想法！
3. 銷售架構引導內容，而非只專注在內容上，否則，你會被一堆問題牽著鼻子走，完全失去銷售的掌控權。
4. 注意顧客的負面用語。每一個負面的購買經驗，皆帶來一個正面的期望；你必須「聽得懂」，而不是去「解決」或「處理」顧客的負面經驗。當心愈解決，問題愈多。

高寶書版集團
gobooks.com.tw

RI 374
催眠式銷售
17週年暢銷增訂版

作　　者　張世輝
責任編輯　吳珮旻
封面設計　林政嘉
內頁排版　趙小芳
企　　畫　鍾惠鈞
版　　權　張莎凌

發 行 人　朱凱蕾
出　　版　英屬維京群島商高寶國際有限公司台灣分公司
　　　　　Global Group Holdings, Ltd.
地　　址　台北市內湖區洲子街88號3樓
網　　址　gobooks.com.tw
電　　話　（02）27992788
電　　郵　readers@gobooks.com.tw（讀者服務部）
　　　　　pr@gobooks.com.tw（公關諮詢部）
傳　　真　出版部（02）27990909　行銷部（02）27993088
郵政劃撥　19394552
戶　　名　英屬維京群島商高寶國際有限公司台灣分公司
發　　行　希代多媒體書版股份有限公司/Printed in Taiwan
二版日期　2023年 06 月

國家圖書館出版品預行編目（CIP）資料

催眠式銷售/張世輝. -- 二版. --臺北市：英屬維京群島商高寶國際有限公司臺灣分公司, 2023.06
面；公分.--（RI；374）
17週年暢銷增訂版

ISBN 978-986-506-769-4（平裝）

1.CST: 銷售 2.CST: 行銷策略

496.5　　112009437